中国职业技术教育学会科研项目优秀成果

The Excellent Achievements in Scientific Research Project of Chinese Society of Technical and Vocational Education

高等职业教育"双证课程"培养方案规划教材

CAXA电子图板2009 实训教程

张晖 胡建生 编著

史彦敏 主审

CAXA Dianzi Tuban 2009
Shixun Jiaocheng

人民邮电出版社

北京

图书在版编目（CIP）数据

CAXA电子图板2009实训教程 / 张晖，胡建生编著
—— 北京：人民邮电出版社，2010.11
高等职业教育"双证课程"培养方案规划教材
ISBN 978-7-115-23873-3

Ⅰ．①C… Ⅱ．①张… ②胡… Ⅲ．①自动绘图—软件
包，CAXA 2005—高等学校：技术学校—教材 Ⅳ.
①TP391.72

中国版本图书馆CIP数据核字(2010)第181819号

内 容 提 要

本书根据全国 CAD 技能等级考试培训工作指导委员会制订的 CAD 技能等级考评大纲，按照项目化教学思路编写而成。全书在介绍 CAXA 电子图板 2009 常用的绘图方法基础上，详细叙述了画平面图形、补画视图、画剖视图、绘制剖面图、绘制工程图样的操作过程。每个项目都安排了相应的能力训练题目，其题型、题目难度与 CAD 技能一级考试的考题相类似。

本书可作为高职高专和中职院校计算机绘图课程的教材，也可作为工业产品类和土木与建筑类"CAD 技能一级"考试的培训教材。

中国职业技术教育学会科研项目优秀成果

高等职业教育"双证课程"培养方案规划教材

CAXA 电子图板 2009 实训教程

- ♦ 编　著　张　晖　胡建生
　　主　审　史彦敏
　　责任编辑　潘新文
- ♦ 人民邮电出版社出版发行　　北京市崇文区夕照寺街 14 号
　　邮编　100061　电子函件　315@ptpress.com.cn
　　网址　http://www.ptpress.com.cn
　　大厂聚鑫印刷有限责任公司印刷
- ♦ 开本：787×1092　1/16
　　印张：12.25　　　　　　　　　2010 年 11 月第 1 版
　　字数：305 千字　　　　　　　　2010 年 11 月河北第 1 次印刷

ISBN 978-7-115-23873-3

定价：26.00 元

读者服务热线：(010)67170985　印装质量热线：(010)67129223
反盗版热线：(010)67171154

前　言

　　本书根据教育部高职高专教育专门课程基本要求和高职高专专业人才培养目标及规格的要求，结合全国 CAD 技能等级考试培训工作指导委员会制订的 CAD 技能等级考评大纲对计算机绘图技能的要求，按照项目化教学思路而编写。

　　CAXA 电子图板 2009 是在继承 CAXA 电子图板 2007 诸多优势的基础上开发的全新产品，它全面兼容 AutoCAD，性能更加优异，在界面交互、操控效率、用户体验、数据兼容等方面均有大幅提高，能够更专业、更智能和更高效地满足用户的需求，大幅度提高设计效率，轻松实现"所思即所得"。

　　本书所选的绘图实例均选自工业产品类和土木与建筑类 CAD 技能一级考试的考题。通过本教材的学习，学生可以掌握 CAXA 电子图板 2009 的基本操作，直接参加"CAD 技能一级"资格认证，而不需要专门培训。为方便学生自学，书中详细叙述了画平面图形、补画视图、画剖视图、绘制剖面图、绘制工程图样的绘图过程。为了让初学者能迅速掌握 CAXA 电子图板 2009 的基本操作，不断提高绘图技巧，每个项目最后都安排了相应的能力训练题目，其题型、题目难度，都与"CAD 技能一级"考试的考题相类似，以满足 CAD 技能等级考试培训的需求。

　　附录中摘录了一套完整的"工业产品类 CAD 技能一级考试试卷"和"土木与建筑类 CAD 技能一级考试试卷"，旨在让读者对"CAD 技能一级"考试的题型、难易程度有所了解，以便有目的地进行训练。

　　本书由张晖、胡建生等编著，其中项目三、项目五由张晖编写，项目四、项目六及附录由胡建生编写，项目一、项目二由李坤编写。全书由张晖统稿。

　　本书由史彦敏教授主审，参加审稿的还有曾红、邵娟琴、汪正俊、贾芸、张玉成。他们在审稿过程中，提出了许多修改意见和建议，在此表示衷心感谢。

　　本书按 20～40 学时编写，可作为高职高专和中职院校计算机绘图课程的教材，也可作为工业产品类和土木与建筑类"CAD 技能一级"考试的培训教材。

　　限于水平，书中难免有错漏之处，欢迎读者批评指正（E-mail：hjs0416@163.com）。

作　者

2010 年 8 月

目　录

项目一

CAXA 电子图板机械版 2009 的基本操作

【能力目标】

1. 认识"CAXA 电子图板机械版 2009"界面，掌握不同界面的切换方法。
2. 掌握命令输入、点及数值输入和拾取实体等操作。
3. 能运用显示命令缩放图形。
4. 进行文件管理操作。

CAXA 软件是北京数码大方科技有限公司开发的拥有完全自主知识产权的系列化的计算机辅助设计（CAD）和计算机辅助制造（CAM）软件。CAXA 软件是国家人力资源和社会保障部、科技部和教育部认证培训和职业资格鉴定指定软件。该软件名称的四个字母分别表示 Computer，计算机；Aided，辅助的；任意的；Alliance、Ahead，联盟、领先。其涵义是"领先一步的计算机辅助技术与服务"。

"CAXA 电子图板机械版 2009"是 CAXA 系列软件之一，是我国具有自主版权、功能齐全、通用的中文计算机辅助设计（CAD）系统。CAXA 电子图板 2009 适合于所有需要进行二维绘图的场合，它全面采用国标设计，按照最新国家标准提供图框、标题栏、明细表、文字标注、尺寸标注以及工程标注，已通过国家机械 CAD 标准化审查。利用它绘制零件图、装配图或与此相关的投影图，符合制图国家标准，因而也是国家"CAD 技能考试"的首选软件。

"CAXA 电子图板机械版 2009"是在继承"CAXA 电子图板 2007"诸多优势的基础上全新开发的，其性能更加优异，在界面交互、操控效率、用户体验和数据兼容等方面均有大幅提高，能够更专业、更智能和更高效地满足用户的需求。基于全新平台开发的 CAXA 电子图板 2009 不仅解决了多窗口、多语言、动态输入、尺寸关联等底层平台应用问题，更在众多功能的细节上精益求精：文字编辑更加便捷，支持多行文字和弧形文字编辑；支持最新标准的智能标注工具、双击编辑实体、夹点编辑关联、开放图纸幅面管理工具以及国标图库、构件库和排版打印工具等实用功能，具有工程标注、转图工具、序号与明细表关联等诸多机械行业专业辅助工具，可以大幅提高设计效率，轻松实现"所思即所得"。

为叙述方便，以下将"CAXA 电子图板机械版 2009"简称"CAXA 电子图板"。

任务一

认识 CAXA 电子图板的界面

一、启动 CAXA 电子图板

在 Windows 系统下，常用两种方法启动 CAXA 电子图板。

方法一

在"CAXA 电子图板机械版 2009"正常安装完成后，Windows 桌面会出现"CAXA 电子图板机械版 2009"的图标，双击桌面上的图标启动软件。

方法二

点击桌面左下角的【开始】→【程序】→【CAXA】→【CAXA 电子图板机械版 2009】命令，启动软件，如图 1-1 所示。

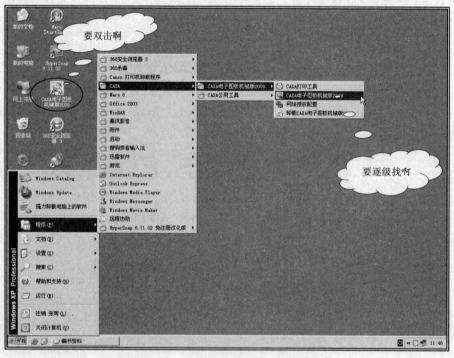

图 1-1 CAXA 电子图板的启动方法

二、退出 CAXA 电子图板

方法一

点击右上角的"关闭"按钮 ×。

方法二

点击按钮，选择主菜单中的【文件】→【退出】命令。

如果系统当前文件没有存盘，则弹出一个提示对话框，提示是否存盘，如图 1-2 所示。在对提示作出选择后，即退出系统。

图 1-2　未存盘文件提示框

三、认识 CAXA 电子图板界面

CAXA 电子图板机械版 2009 的用户界面包括两种，一种是 Fluent（流行）界面，如图 1-3 所示。它通过菜单按钮、快速启动工具栏和功能区访问常用命令。另一种界面为经典界面，如图 1-4 所示。主要通过菜单栏和工具栏访问命令，用户可以根据习惯在两种界面间切换。

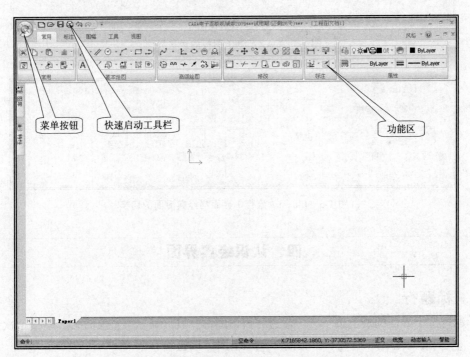

图 1-3　CAXA 电子图板的 Fluent（流行）界面

初次启动 CAXA 电子图板系统进入的是 Fluent（流行）界面。若想进入经典界面，点击【视图】选项卡，再点击【界面操作】中的"切换风格"图标，即可转换到经典界面，如图 1-5 所示。也可按 F9 键实现两种界面的快速转换。本书采用经典界面进行绘图操作。

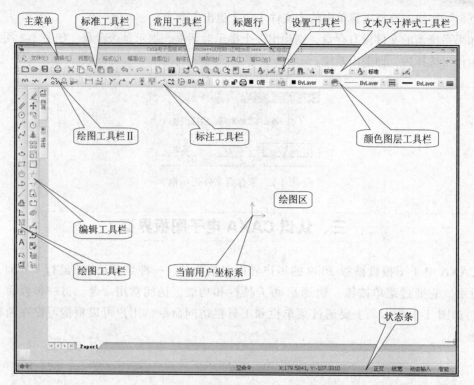

图 1-4　CAXA 电子图板的经典界面

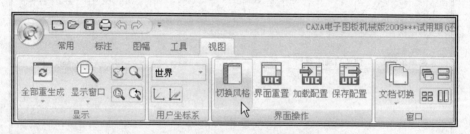

图 1-5　Fluent（流行）界面与经典界面的切换

四、认识经典界面

1. 标题行

标题行位于界面的最上边一行，左边为窗口图标，其后显示当前文件名，右端依次为"最小化" ▬、"最大化/还原" ▣和"关闭" ✕三个图标按钮。

2. 主菜单

主菜单行位于标题行下方，它由一行主菜单及其下拉子菜单组成。点击任意一项主菜单，均可产生相应的下拉菜单。

3. 绘图区

屏幕中间的大面积区域为绘图区，如图 1-4 中的空白区域，可以在其内进行绘图工作。

在绘图区的中央设置了一个当前用户坐标系。该二维直角坐标系的水平方向为 X 轴方向，向右为正，向左为负；垂直方向为 Y 轴方向，向上为正，向下为负，坐标原点为（0.000，0.000）。在绘图区用鼠标拾取的点或由键盘输入的点，均以当前用户坐标系为基准。

4. 工具栏

位于绘图区上方和左侧由若干图标组成的条状区域，称为工具栏。可以通过点击工具栏中相应的功能按钮，输入常用的操作命令，系统默认工具栏为"标准"、"属性"、"设置工具"、"文字尺寸样式"、"绘图工具Ⅱ"、"标注工具"、"常用工具"、"绘图工具"、"编辑工具"等工具栏。

（1）标准工具栏   位于绘图区上方左端，包括"新文件"、"打开文件"、"存储文件"、"打印"、"剪切"、"复制"、"带基点复制"、"粘贴"、"选择性粘贴"、"取消操作"、"重复操作"、"清理"和"帮助索引"等图标，如图1-6所示。它们是主菜单【文件】和【编辑】中的常用命令。

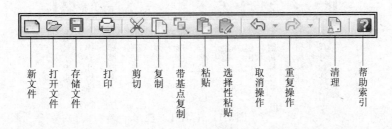

图1-6   标准工具栏

（2）常用工具栏   位于标准工具栏右侧，包括"动态平移"、"动态缩放"、"显示窗口"、"显示全部"、"显示回溯""特性窗口"和"两点距离"等图标，如图1-7所示。它们是主菜单【视图】中的常用命令。

（3）设置工具栏   位于常用工具栏右侧，包括"文字参数"、"标注参数"、"点样式"、"样式控制"、"捕捉设置"和"拾取设置"等图标，如图1-8所示。它们是主菜单【工具】和【格式】中的常用命令。

图1-7   常用工具栏   图1-8   设置工具栏

（4）文本尺寸样式工具栏   位于设置工具栏右侧，包括"文本样式"和"尺寸样式"图标，如图1-9所示。它们是主菜单【格式】中的常用命令。

（5）绘图工具Ⅱ工具栏   位于标准工具栏下方。包括 "波浪线"、"双折线"、"箭头"、"齿轮"、"圆弧拟合样条"及"孔/轴"等图标，如图1-10所示。它们是主菜单【绘图】中的常用命令，是绘图工具栏的补充。

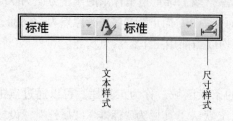

图 1-9 文本尺寸样式工具栏　　　　　　图 1-10 绘图工具 II 工具栏

（6）标注工具栏　位于绘图工具 II 工具栏右侧，包括"尺寸标注"、"坐标标注"、"倒角标注"、"引出说明"、"粗糙度"、"基准代号"、"形位公差"、"焊接符号"、"剖切符号"、"局部放大"、"中心孔标注"及"技术要求"等图标，如图 1-11 所示。它们是主菜单【标注】中的常用命令。

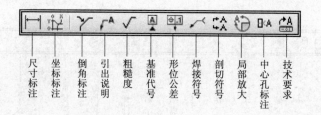

图 1-11 标注工具栏

（7）颜色图层工具栏　位于标注工具栏右侧，包括"图层"、"颜色"、"线型"和"线宽"等图标，还包括当前层、线型和颜色的下拉式选择窗口，如图 1-12 所示。

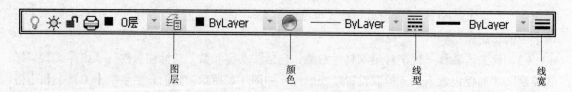

图 1-12 颜色图层工具栏

（8）绘图工具栏　位于绘图区左端，包括"直线"、"平行线"、"圆"、"圆弧"、"样条"、"点"、"椭圆"、"矩形"、"正多边形"、"多段线"、"中心线"、"等距线"、"公式曲线"、"剖面线"、"填充"、"文字"、"块生成"和"提取图符"等图标，与图 1-13 不同的是，18 个图标从上至下竖直排列。它们是主菜单【绘图】中常用的绘图命令。

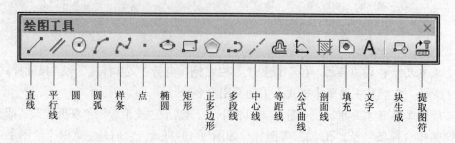

图 1-13 绘图工具栏

（9）编辑工具栏   位于绘图工具栏右侧，包括"删除"、"平移"、"平移复制"、"旋转"、"镜像"、"阵列"、"缩放"、"过渡"、"裁剪"、"齐边"、"拉伸"、"打断"、"分解"、"标注编辑"、"尺寸驱动"、"特性匹配"、"切换尺寸风格"和"文本参数编辑"等图标，与图1-14不同的是，18个图标从上至下竖直排列。它们是主菜单【修改】中常用的命令。

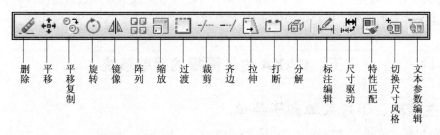

图1-14   编辑工具栏

5. 状态条

状态条位于界面的最下面一行，包括"命令与数据输入区"、"命令提示区"、"当前光标点坐标提示区"、"正交模式状态按钮"、"线宽显示状态按钮"、"动态输入状态按钮"和"点捕捉方式设置区"，如图1-15所示。状态条用于显示当前状态。

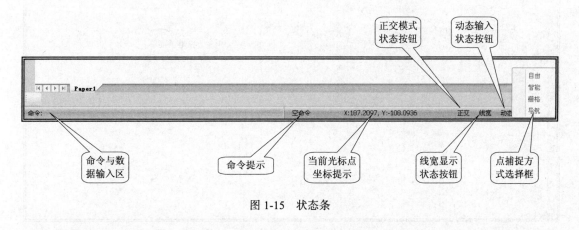

图1-15   状态条

◇   命令与数据输入区   位于状态条左侧，在没有执行任何命令时，该区显示为"命令："，即表示系统正等待输入命令，称为命令状态。一旦输入了某种命令，该区将出现相应的操作信息提示。

◇   命令提示区   位于状态条中部，自动提示目前所执行的命令在键盘上的输入形式，便于用户快速掌握CAXA电子图板的键盘命令。

◇   当前光标点坐标提示区   位于命令提示区右侧，自动显示当前光标点的坐标值，它随鼠标光标的移动作动态变化。

◇   正交模式状态按钮   位于当前光标点坐标提示区右侧，点击按钮打开正交模式，按钮显示为蓝色，此时只能绘制水平线和竖直线。

◇   线宽显示状态按钮   在正交模式状态按钮右侧，点击线宽显示状态按钮，线宽显示状态按钮显示为蓝色，屏幕显示图线的不同线宽。当不需要显示线宽时关闭按钮即可。右击按钮在快捷菜单中选择设置选项，可以进行线宽设置。

◇ 动态输入状态按钮　在点捕捉方式选择框左侧，在打开动态输入状态后，可以在光标附近显示命令界面进行命令和参数的输入。在指针位置处显示标注输入和命令提示等信息，从而使用户专注于绘图区。

◇ 点捕捉方式选择框　位于状态条最右侧，可在其下拉框中选择点的捕捉方式，包括"自由"、"智能"、"导航"和"栅格"等四种方式。

五、CAXA 电子图板的菜单系统

1. 主菜单、下拉菜单和子菜单

主菜单包括"文件"、"编辑"、"视图"、"格式"、"幅面"、"绘图"、"标注"、"修改"、"工具"、"窗口"和"帮助"等 11 项。选择其中一项，即可弹出该选项的下拉菜单。如果下拉菜单中某选项后面有 ▸ 符号标记，表示该选项还有下一级子菜单，如图 1-16 所示。

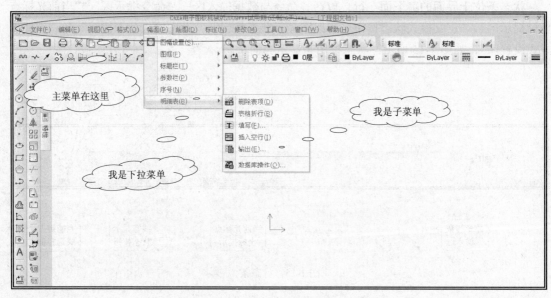

图 1-16　主菜单、下拉菜单和子菜单

2. 立即菜单

CAXA 电子图板用立即菜单的方式描述了某项命令执行的各种情况和使用条件。作图时可根据当前的作图要求进行选择。

当系统执行某一命令时，在绘图区的下方，会出现一个立即菜单，如图 1-17（a）所示。

立即菜单显示与当前绘图相关的各种选择项及有关数据。作图时应仔细审核所显示的各项是否符合要求。如不符合，可对立即菜单中的选项或数据进行选择或修改。

选择或修改立即菜单的方法有两种，一种方法是点击该窗口；另一种方法是按组合键 Alt + 数字键（该窗口前的序号）。若该窗口只有两个选项，则直接切换；若该窗口选项多于两个，会在其上方弹出一个选项菜单，如图 1-17（b）所示。点击某选项后，该选项即被选中。

图 1-17　立即菜单

图 1-18 所示为显示数据的窗口。窗口中显示的数值为默认值，要改变其数值，点击默认数值，用键盘输入新的数值后，数值即可修改。

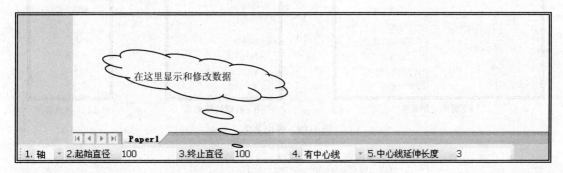

图 1-18　数据显示窗口与数据编辑窗口

3. 弹出菜单

系统处于某种特定状态时，按下特定键会在光标处出现一个弹出菜单。弹出菜单主要有以下几种。

（1）界面定制菜单　当光标位于任意一个菜单或工具栏区域时，点击鼠标右键，弹出界面定制菜单，如图 1-19（a）所示。在界面定制菜单中列出了主菜单、工具条、立即菜单和状态条，光标指向工具条显示下一级菜单，左侧的复选框中被选 ☑ 的，表示当前工具栏正在显示。点击菜单中的选项，可以在显示和隐藏工具栏之间进行切换。

（2）右键快捷菜单　在命令状态下拾取元素后点击右键或↙，弹出右键快捷菜单，如图 1-19（b）所示。根据拾取对象的不同，此右键快捷菜单的内容会略有不同。

（3）工具点菜单　在输入点状态下按 空格键 ，弹出工具点菜单，如图 1-19（c）所示，可根据作图需要，从中选取特征点进行捕捉。

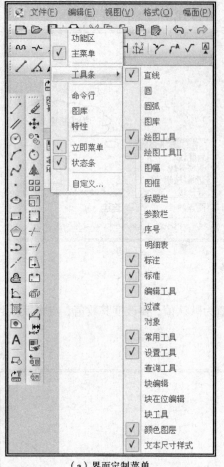

（a）界面定制菜单

（b）右键快捷菜单

（c）工具点菜单

图 1-19　弹出菜单

任务二

命令输入、数据输入和拾取操作

一、认识常用键的功能

1．鼠标

（1）鼠标左键　用来选择菜单或工具栏中的命令、选择下拉列表框中的选项、确定点的位置、拾取元素等。

（2）鼠标右键　用来确认拾取、结束操作、中止命令、重复上一条命令（在命令状态下）、打开快捷菜单等。

（3）鼠标滚轮　用来动态显示平移及缩放。按住滚轮并拖动鼠标可动态显示平移；向前旋转滚轮可将图形显示放大；向后旋转滚轮可将图形显示缩小。

2. 回车键

回车键用来结束数据的输入、确认默认值、中止当前命令、重复上一条命令（在命令状态下）。

3. 空格键

空格键用来在输入点状态下弹出工具点菜单。

4. 功能键

$\boxed{F1}$ 键　请求系统的帮助。操作者在执行任何一种操作的过程中，如果遇到困难想求得帮助可以按该键。此时，系统会列出与该操作有关的技术内容的对话框，指导操作者完成该项操作。关闭对话框，即可继续进行正常的操作。

$\boxed{F2}$ 键　拖画时动态拖动值和绝对坐标值切换开关。

$\boxed{F3}$ 键　在屏幕绘图区显示当前绘制的全部图形。

$\boxed{F4}$ 键　指定一个当前点作为参考点。用于相对坐标点的输入。

$\boxed{F5}$ 键　当前坐标系切换开关。

$\boxed{F6}$ 键　改变点捕捉方式，在四种捕捉方式间进行循环切换。

$\boxed{F7}$ 键　三视图导航开关。

$\boxed{F9}$ 键　经典界面和流行界面的切换开关。

5. 其他键

$\boxed{Esc}$ 键　中止当前命令。

$\boxed{Delete}$ 键　删除拾取加亮的元素。

$\boxed{Page\ Up}$ 键　将所有图形以 1.25 倍显示。

$\boxed{Page\ Down}$ 键　将所有图形以 0.8 倍显示。

$\boxed{Home}$ 键　恢复初始显示状态（即标准图纸状态）。

二、命令的输入与执行操作

CAXA 电子图板设置了两种并行的命令输入方法，即鼠标选择和键盘输入。两种输入方式并行存在，以方便不同操作者的操作习惯。

本书在后面的作图过程中，均采用鼠标选择命令方式。如要提高绘图速度，可熟记一些常用的快捷键。操作时鼠标和键盘配合使用，可大大提高绘图效率。

1. 从主菜单输入命令

CAXA 电子图板的所有命令，都可以从主菜单的下拉菜单中选择输入。点击主菜单中任意一个菜单项，即可弹出下拉菜单，选择其中的一项，立即执行该命令。

下拉菜单项右边有黑色小三角符号▸，表示该菜单项有下一级子菜单。

下拉菜单项后边有点状符号…，表示选中该项时将会弹出一个对话框。CAXA 电子图板的

"文件"、"格式"、"幅面"和"工具"等操作中的许多命令，都是通过对话框操作来实现的。

不同命令的对话框，其内容和复杂程度各不相同，通常包括选择框、显示框、录入编辑框和各种选择按钮等。对话框内一般都有 确定 和 取消 按钮，对话框内容设置完毕后，点击 确定 按钮或✓，即接受对话框中的设置而完成该命令。点击 取消 按钮或按 Esc 键，则取消对话框操作，在对话框中所作的设置全部无效。每个对话框的上方都有一标题行，点击标题行右端的"关闭"按钮 ✕，即关闭该对话框。

2. 从工具栏中输入命令

CAXA 电子图板为用户提供了较丰富的工具栏，凡在下拉菜单命令项前有图标标志的命令，都可在相应的工具栏中找到。输入命令时，只需将光标移至工具栏的图标上，单击左键，即开始执行该命令。

3. 命令的执行过程

在 CAXA 电子图板中，一条命令的执行过程，有以下几种情况。

直接执行

系统接受命令后直接执行，直至结束该命令，即不需用户干预，如"重新生成"、"全部重新生成"等。

弹出对话框

系统接受命令后弹出对话框，操作者需对对话框作出响应，确认后结束命令。

出现操作提示和立即菜单

因为多数命令要分为若干个步骤，一步一步地通过"人机对话"执行，所以多数命令的执行属于这种情况。操作者需通过立即菜单选择命令的执行方式，并且按操作提示，逐步完成绘图操作。

三、命令的中止与重复操作

在任何情况下，按键盘上的 Esc 键，即中止正在执行的操作。连续按 Esc 键，可以退回到命令状态，即中止当前命令。通常情况下，在命令的执行过程中，点击右键或✓，也可中止当前操作，直至退出命令。

在某一命令的执行过程中选择另一命令后，系统会自动退出当前命令而执行新命令。只有在命令执行中弹出对话框或输入数据窗口时，系统才不接受其他命令的输入。

在命令状态下，只要点击右键或✓，就可以重复输入上一个命令。

四、命令的嵌套执行

CAXA 电子图板中的某些命令可嵌套在其他命令中执行，称为透明命令。显示、设置、帮助、存盘以及某些编辑操作均属于透明命令。在一个命令的执行过程中，在提示区不是"命令:"状态下输入透明命令后，前一命令并未终止只是暂时中断，执行完透明命令后，继续执行前一命令。

例如，系统正在执行画直线命令，提示为"第二点:"，即处于输入点状态，如果这时点击常用工具栏中的"窗口显示"图标 🔍，即执行"窗口显示"命令，提示"**显示窗口的第一角点:**"、"**显示窗口的第二角点:**"，按给定两点所确定的窗口进行放大，点击右键结束窗口放大后，又恢复提示"**第二点:**"，即回到了画直线输入点状态。

五、点的输入操作

1. 键盘输入

在输入点状态下，直接用键盘键入拟输入点的坐标并↙（或按 空格键 ），该点即被输入。

根据坐标系的不同，点的坐标分为直角坐标和极坐标，每一种又有绝对坐标和相对坐标之分。

绝对直角坐标的输入方法

绝对直角坐标以"x, y"的形式由键盘直接输入。切记坐标值 x 与 y 之间必须用逗号隔开。

相对直角坐标的输入方法

相对直角坐标以某一点（称为当前点）作为参照，以"$@\Delta x, \Delta y$"的形式由键盘直接输入。符号@表示相对，Δx 为拟输入点相对于当前点的 x 坐标差，Δy 为拟输入点相对于当前点的 y 坐标差。

绝对极坐标的输入方法

极坐标以"$d<\alpha$"的形式输入。d 为极径，即拟输入点到坐标原点的距离；α 为极角，即拟输入点和原点的连线与 X 轴正向的逆时针夹角。

相对极坐标的输入方法

相对极坐标以"$@\Delta d<\theta$"的形式输入。Δd 为拟输入点相对当前点的距离；θ 为拟输入点与当前点连线与 X 轴正向的逆时针夹角。

【**例 1-1**】 绘制图 1-20 所示的图形。

操作步骤如下。

点击绘图工具栏中的"直线"图标 ✏️，弹出立即菜单和操作信息提示，如图 1-21 所示。

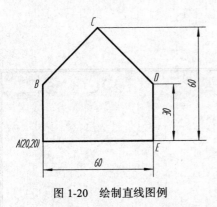

图 1-20 绘制直线图例

图 1-21 直线命令的立即菜单和操作提示

◇ 立即菜单"1." 为选项菜单，可点击后选择绘制直线的类型，包括两点线、角度线、角等分线、切线/法线、等分线等五种绘制直线方式。

● 两点线 按给定两点画直线段。

● 角度线 按给定角度画直线段。

● 角等分线　按给定份数、给定长度将一个角等分。

● 切线/法线　过给定点作已知曲线的切线或法线。

● 等分线　按给定份数将一条直线段等分。

◇ 立即菜单"2."　为"连续"与"单根"两种方式的切换开关。

● 连续　是指每次可连续绘制多条直线，且前一条直线的终点是下一条直线的起点。各条直线按绘制顺序首尾相连。

● 单根　是指每次只绘制一条直线。

系统提示：

第一点（切点，垂足点）：20，20↙

A点即被输入。此时移动光标，一条自A点出发的直线被动态拖动，如图 1-22（a）所示。

第二点（切点，垂足点）：（打开"正交"模式按钮，向上移动光标）30↙

画出的 AB 直线，如图 1-22（b）所示。

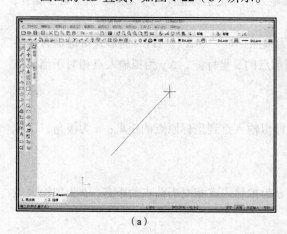
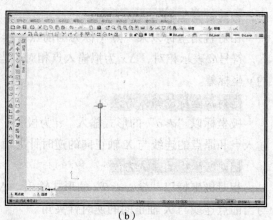

（a）　　　　　　　　　　　　　　　（b）

图 1-22　键盘输入画线实例（一）

第二点（切点，垂足点）：（关闭"正交"模式按钮）@30，30↙

画出直线 BC，如图 1-23（a）所示。

第二点（切点，垂足点）：@30，-30↙

画出直线 CD，如图 1-23（b）所示。

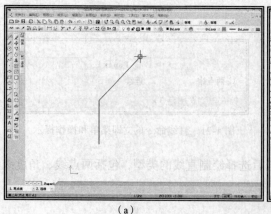
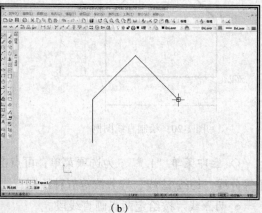

（a）　　　　　　　　　　　　　　　（b）

图 1-23　键盘输入画线实例（二）

第二点（切点，垂足点）：（打开"正交"模式按钮，向下移动光标）30✓

画出直线 *DE*，如图 1-24（a）所示。

第二点（切点，垂足点）：（向左移动光标，拾取 *E* 点）

点击右键或按 Esc 键结束命令，完成图形的绘制，如图 1-24（b）所示。

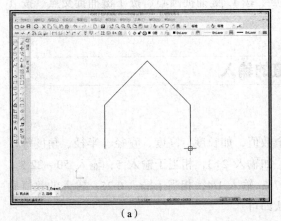
（a）

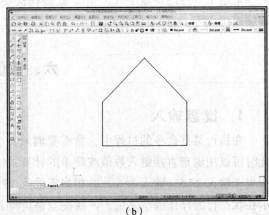
（b）

图 1-24　键盘输入画线实例（三）

2. 鼠标输入

用鼠标输入点的坐标就是通过移动鼠标的十字光标线，选择需要输入的点的位置。选中后单击左键，该点的坐标即被输入。鼠标输入的都是绝对坐标。用鼠标输入点时，应一边移动十字光标线，一边观察屏幕下边坐标显示数字的变化，以便较准确地确定待输入点的位置。这种输入方法简单快捷，且动态拖动、形象直观，但在按尺寸作图时准确性较差。

为了使鼠标输入点准确、快捷，CAXA 电子图板提供了工具点捕捉功能。

3. 工具点捕捉

工具点就是在作图过程中具有几何特征的点，如圆心点、切点、端点等。工具点捕捉，就是使用鼠标准确地捕捉某个特征点。

CAXA 电子图板设置了四种点捕捉方式，即自由、栅格、智能和导航方式。

自由方式

对输入的点无任何限制，点的输入完全由当前光标的实际定位来确定。

智能方式

在此方式下，移动鼠标的十字光标经过或接近一些特征点（圆心、切点、垂足、中点、端点）时，光标被自动"锁定"，并显示出相应的标记。

栅格方式

十字光标只能沿栅格线移动，鼠标捕捉的点为栅格点。

导航方式

导航方式是专门为绘制机械工程图而开发的一项功能，用以保证视图之间的"三等"关系。在此方式下，当鼠标的十字光标经过一些特征点时，特征点除被加亮显示外，十字光标与特征点之间自动呈现出相连的虚线。利用这种方式，可以方便、快捷地确定三视图之间的"三等"关系。

为了避免鼠标在拾取时对所有特征点都实施不必要的捕捉，可临时运行"一次性"捕捉，即在输入点状态下按 空格键 ，弹出工具点菜单，根据作图需要从中选取某一特征点。此时不论捕捉方式为何种状态，系统只捕捉选取的特征点。

如要提高工具点捕捉的速度，可以在输入点状态下，直接按相应的键盘字符。此时需熟记一些常用工具点的键盘字符，如按 E 键捕捉端点、按 C 键捕捉圆心、按 I 键捕捉交点、按 T 键捕捉切点等。

六、数值的输入

1. 键盘输入

在执行某些命令的过程中，常需要输入一个数值，如长度、高度、直径、半径、角度等，此时可以用键盘直接键入数值或简单的计算式。如输入 2+3，相当于输入 5；输入 50－22.5，相当于输入 27.5；输入 3*6.25，相当于输入 18.75；输入 1/4，相当于输入 0.25。输入的数值显示在状态行的操作提示之后，✓或按 空格键 确认即可。

2. 在数据窗口输入

某些命令的立即菜单中包含数据显示窗口，将光标放在该窗口内并点击左键，默认数值变成蓝色，用键盘输入新的数值。

3. 在对话框中输入

在很多对话框中都有数据显示与编辑窗口，将光标移至该处，单击左键激活该框（出现闪烁的竖线光标）后，即可键入数值并即时显示出来。

4. 角度的输入

输入角度时，规定以"°"为单位，只需键入角度数值即可。

> 角度值以 X 轴正向（向右）为 0°，逆时针旋转为正，顺时针旋转时为负。

【例 1-2】 绘制图 1-25 所示图形。

操作步骤如下。

（1）绘制圆　点击绘图工具栏中的"圆"图标 ⊙ ，弹出立即菜单和操作信息提示，如图 1-26（a）所示。

◇ 立即菜单"1."　为选项菜单，可点击后选择绘制圆的类型，包括"圆心_半径"、"两点"、"三点"、"两点_半径"等四种绘制圆方式。

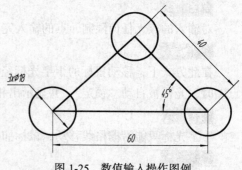

图 1-25　数值输入操作图例

- 圆心_半径　已知圆心和半径画圆。
- 两点　通过两个已知点画圆，两个已知点之间的距离为直径。
- 三点　过三个不在一条直线上的已知点画圆。
- 两点_半径　过两个已知点用给定半径画圆。

◇ 立即菜单"2." 为"直径"与"半径"的切换开关。

● 直径　将输入的数据作为直径绘制圆。

● 半径　将输入的数据作为半径绘制圆。

◇ 立即菜单"3." 为"无中心线"与"有中心线"的切换开关。

● 无中心线　绘制出的圆无中心线。

● 有中心线　绘制出的圆有中心线。有中心线方式下又增加了立即菜单"4. 中心线延长长度"，如图1-26（b）所示。

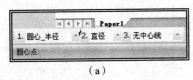
（a）

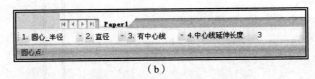
（b）

图1-26　圆命令的立即菜单和操作提示

◇ 立即菜单"4. 中心线延长长度" 为数据显示窗口，通常用系统默认值"3"，如有特殊需要，可点击该窗口修改数据。

选择"圆心_半径"、"直径"、"有中心线"方式，按状态行出现的系统提示进行操作。

圆心点：（将光标置于屏幕上适当位置，单击左键）

输入直径或圆上一点：18↙

绘制出的圆如图1-27（a）所示。

（2）绘制水平线　点取绘图工具栏中的"直线"图标，在立即菜单中选择"两点线"、"连续"，系统提示：

第一点（切点，垂足点）：（利用智能方式捕捉圆心，单击左键）

第二点（切点，垂足点）：（打开正交模式，向右移动光标）60↙

（3）绘制斜线　（关闭正交模式）选择"角度线"，修改立即菜单"4."中的角度数据为"135"。

第一点（切点）：（捕捉端点，单击左键）

第二点（切点）或长度：40↙

绘制出的图形，如图1-27（b）所示。

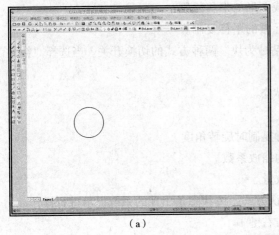
（a）

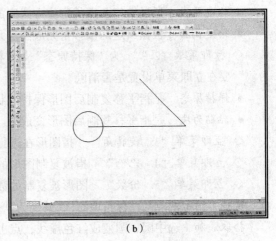
（b）

图1-27　数值输入操作（一）

按✓绘制斜线，选择"两点线"、"单根"，系统提示：

第一点（切点，垂足点）:（利用智能方式捕捉斜线上面的端点，单击左键）

第二点（切点，垂足点）:（利用智能方式捕捉水平线左侧端点，单击左键）

完成直线绘制，如图 1-28（a）所示。

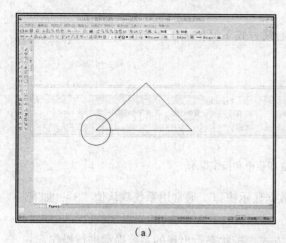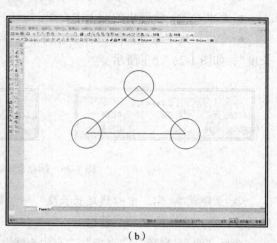

（a）　　　　　　　　　　　　　　　　　（b）

图 1-28　数值输入操作（二）

（4）复制圆　点击编辑工具栏中的"平移复制"图标，弹出立即菜单和操作信息提示，如图 1-29 所示。

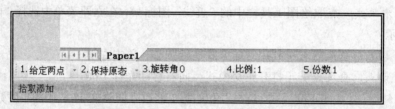

图 1-29　平移复制命令的立即菜单和操作提示

◇ 立即菜单"1."　为选项菜单，点击后可选择偏移方式，包括"给定两点"，"给定偏移"两种方式。

● 给定两点　通过给定两点的定位方式完成图形的平移复制。

● 给定偏移　根据给定的偏移量完成图形元素的平移复制。

◇ 立即菜单"2."　为"保持原态"与"粘贴为块"两种方式的切换开关。当选择"粘贴为块"要在立即菜单设置是否消隐。

● 保持原态　是指平移复制后图形保持原状态。

● 粘贴为块　是指平移复制后图形变成块。

◇ 立即菜单"3. 旋转角"　指图形在进行复制时旋转角度。

◇ 立即菜单"4. 比例"　指被复制图形的缩放系数。

◇ 立即菜单"5. 份数"　图形被复制的数量。

选择"给定两点"、"保持原态"，其他为默认方式，按状态条出现的系统提示进行操作。

拾取添加（选中圆，圆变成红色虚线，点击右键）

第一点:（利用智能捕捉方式捕捉圆心，单击左键）

第二点或偏移量：（利用智能捕捉方式捕捉右边斜线两端点，单击左键）

完成图形的绘制，如图 1-28（b）所示。

七、动　态　输　入

CAXA 电子图板提供了一个新的交互工具动态输入，可以在光标附近显示命令界面进行命令和参数的输入，可以使用户专注于绘图区。

1. 动态提示

启用动态输入时，在光标附近会显示命令提示框，如图 1-30（a）所示。如果命令在执行时需要确定坐标点，光标附近也会出现坐标提示。

2. 输入坐标

需要确定坐标点时，可以使用鼠标点击，也可以在动态输入的坐标提示中直接输入坐标值，而不用在命令行中输入。在输入过程中，可以使用 Tab 键在不同的输入框间切换。

3. 标注输入

启用动态输入时，当命令提示输入第二点时，命令提示框将显示距离和角度值。且提示中的值将随着光标移动而改变。标注输入可用于直线、圆、圆弧等。通过动态输入可以确定距离、角度、半径等参数，如图 1-30（b）所示。

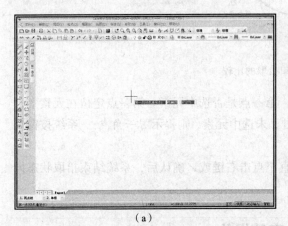
（a）

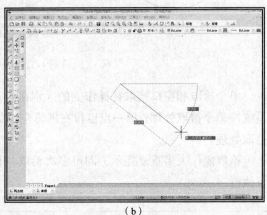
（b）

图 1-30　动态输入

八、拾取实体操作

在许多命令（特别是编辑命令）的执行过程中，常需要拾取实体。所谓实体，即绘图时所用的直线、圆弧、块、图符等元素。通常把选择实体称为拾取实体，其目的就是根据作图需要，在已经画出的图形中，选取作图所需的某个或某几个实体。

1. 单个拾取

通过移动光标，使待选实体位于光标的方形拾取盒内，单击左键。若实体呈红色点线，说明该实体已被选中。

2．窗口拾取

用鼠标左键在屏幕空白处指定一点后，系统接着提示 另一角点：。移动鼠标即从指定点处拖动出一个矩形框（称窗口）。此时再次单击左键指定窗口的另一角点，则两角点确定了拾取窗口的大小。

第一角点在左、第二角点在右，称为左右窗口；第一角点在右，第二角点在左，称为右左窗口。

采用窗口拾取时，不同的窗口拖动方式，拾取的实体也不相同。从左向右拖动窗口，只能选中完全处于窗口内的实体，不包括与窗口相交的实体，如图 1-31（b）所示为左右窗口，只有两条水平粗实线、一条点画线和小圆被选中；而从右向左拖动窗口，则不但位于窗口内的实体被选中，与窗口相交的元素也均被选中，如图 1-31（c）所示为右左窗口，所有实体（图线）均被选中。

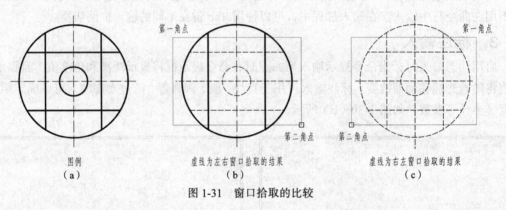

图 1-31　窗口拾取的比较

单个拾取和窗口拾取在操作上的区别在于，第一点是否选中元素。第一点定位在元素上，系统按单个拾取处理；第一点定位在屏幕空白处，未选中元素，则提示 另一角点：，系统按窗口拾取处理。

拾取操作大多重复提示，即可多次拾取，直至点击右键或↙确认后，系统结束拾取状态向下执行。

九、删除实体操作

对已存在的元素进行删除，常采用以下两种方法。

1．命令删除

● 由工具栏输入　点击编辑工具栏中的"删除"图标 ✐。
● 由主菜单输入　点击主菜单中的【修改】→【删除】命令。

命令输入后，操作提示为 拾取添加：，在拾取元素时，可以单个拾取，也可以用窗口拾取。被拾取元素呈红色点线，点击右键或↙确认后，所选元素即被清除。

2．预选删除

在命令状态下，拾取一个或一组元素，这些元素变为红色的点线，这时称为预选状态。在预选状态下，可通过以下三种方法将预选的实体删除。

● 按键盘上的 $\boxed{\text{Delete}}$ 键，所选元素即被删除。

● 点击编辑工具栏中的"删除"图标 ✐，所选元素即被删除。

● 点击右键，弹出右键快捷菜单（见图 1-19（b）），点击"删除"项，所选元素即被删除。

【例 1-3】 根据图 1-32 中的尺寸，绘制图样中的加工符号（不标注尺寸）。

操作步骤如下。

（1）绘制三条平行线　点击绘图工具栏中的"直线"图标 ✐，在立即菜单中选择"两点线"、"单根"方式，系统提示：

图 1-32　加工符号

第一点（切点，垂足点）：（用光标在屏幕上任意指定一点）

第二点（切点，垂足点）：（向右移动光标）10✓（长度随意确定）

点击绘图工具栏中的"平行线"图标 ✐，在立即菜单中选择"偏移方式"、"单向"，系统提示：

拾取直线：（拾取已绘制出的直线）

输入距离或点（切点）（向上移动光标）5✓

输入距离或点：11✓

绘制出的图形如图 1-33（a）所示。点击右键结束命令。

（2）绘制两条倾斜线　点击绘图工具栏中的"直线"图标 ✐，在立即菜单"1."中选择"角度线"，将立即菜单中"3."切换为"到线上"，修改立即菜单"4."中的角度值为 60，系统提示：

第一点（切点）：（用光标拾取最下方直线的中点）

拾取曲线：（用光标拾取最上方直线的任意点）

绘制出的图形如图 1-33（b）所示。

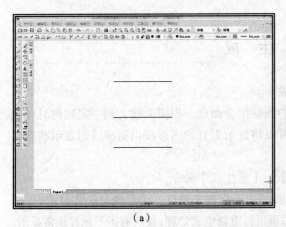
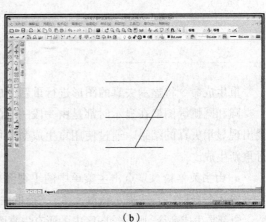

（a）　　　　　　　　　　　　　　　　（b）

图 1-33　绘制加工符号（一）

点击右键重复上一命令，修改立即菜单"4."中的角度值为"-60"，系统提示：

第一点（切点）：（用光标拾取最下方直线的中点）

拾取曲线：（用光标拾取中间直线的任意点）

绘制出的图形如图 1-34（a）所示。

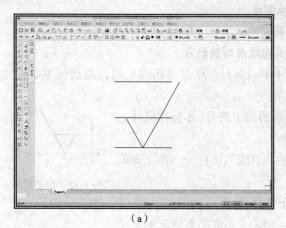
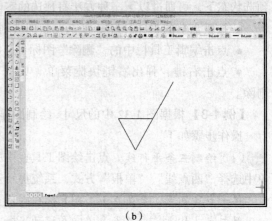

（a）　　　　　　　　　　　　（b）

图 1-34　绘制加工符号（二）

（3）整理图形　点击编辑工具栏中的"删除"图标 ，系统提示：

拾取添加：（用光标拾取最上、最下两条直线，点击右键）

点击编辑工具栏中的"裁剪"图标 ，系统提示：

拾取要裁剪的曲线：（用光标拾取中间直线的多余部分）

绘制完成的加工符号如图 1-34（b）所示。

任务三
视图显示操作

一、重 生 成

重生成命令将显示失真的图形进行重新生成。

圆和圆弧等图素在显示时都是由一段一段的线段组合而成，当图形放大到一定比例时可能会出现显示失真的结果。通过使用重生成命令可以将显示失真的图形按当前窗口的显示状态进行重新生成。

● 由主菜单输入　点击主菜单中的【视图】→【重生成】命令。

输入命令后，系统提示拾取元素：，拾取失真的图形后右击确认，图形恢复正常显示。

全部重生成命令，则将绘图区内的所有失真图形进行重新生成处理，使所有图形恢复正常显示。

二、显 示 窗 口

显示窗口命令的功能是将指定窗口内的图形进行放大。

命令的输入常采用以下两种方式：

- 由工具栏输入　点击常用工具栏中的"显示窗口"图标 。
- 由主菜单输入　点击主菜单中的【视图】→【显示窗口】命令。

命令输入后，系统提示显示窗口第一角点：。在所需位置输入一点后，系统提示改变为显示窗口第二角点：。此时移动鼠标，出现一个由方框表示的窗口，窗口大小随鼠标移动而改变，窗口确定的区域就是即将被放大的部分，窗口中心将成为新的屏幕显示中心。按系统提示，输入显示窗口的第二角点后，系统将窗口范围内的图形充满屏幕，重新显示出来。

> 系统重复提示显示窗口第一角点：，需点击右键或按 Esc 键退出。

三、显　示　平　移

显示平移命令的功能是移动屏幕的显示中心，从而实现图形在屏幕上的平行移动。
- 由工具栏输入　点击常用工具栏中的"显示平移"图标 。
- 由主菜单输入　点击主菜单中的【视图】→【显示平移】命令。

命令输入后，光标变成手行，按住鼠标左键，移动鼠标就能平行移动视图。按 Esc 键或者单击鼠标右键可以结束动态平移操作。

此外，画图时还可以使用键盘上的 ↑、↓、←、→ 四个方向键，或用鼠标滚轮动态显示平移及缩放。

四、显　示　全　部

显示全部命令的功能是将当前绘制的所有图形，全部显示在屏幕绘图区内。
命令的输入常采用以下两种方式。
- 由工具栏输入　点击常用工具栏中的"显示全部"图标 。
- 由主菜单输入　点击主菜单中的【视图】→【显示全部】命令。

命令输入后，系统立即将当前文件的全部图形，在屏幕绘图区全部显示出来，且使其充满屏幕。

任务四

文件管理操作

在使用计算机绘图的操作中，所绘图形都是以文件的形式存储在计算机中，故称之为图形文件。CAXA 电子图板提供了方便、灵活的文件管理功能，其中主要包括文件的新建、保存与部分存储、文件的打开与并入等操作。

文件管理功能通过主菜单中的【文件】菜单来实现，点击该菜单项，弹出的下拉菜单如图1-35 所示。点击相应的菜单项，即可实现对文件的管理操作。为方便使用，CAXA 电子图板还将常用的"新建"、"打开"、"保存"和"打印"，以图标形式放在标准工具栏中。

图 1-35　"文件"下拉菜单

一、新建文件（□或 Ctrl+N）

启动 CAXA 电子图板后，实际上就创建了一个新文件，存储之前的文件名默认为是"工程文档 1"。若在不退出系统的情况下另画一幅新图，或要创建基于模板的图形文件，则需建立新文件。

命令的输入常采用以下两种方式。

● 由工具栏输入　点击标准工具栏中的"新建"图标□。

● 由主菜单输入　点击主菜单中的【文件】→【新建】命令。

命令输入后，弹出"新建"对话框，如图 1-36 所示。对话框有两个窗口，左边是模板文件的选择框，右边是所选模板的预览窗口。可从中选择国标规定的 A0 ~ A4 图幅模板，以及一个名称为 BLANK 的空白模板文件。

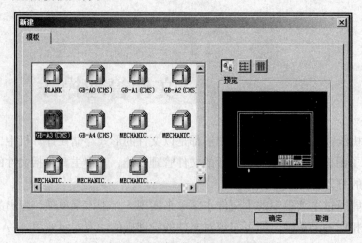

图 1-36　"新建"文件对话框

指定模板后，点击 确定 按钮，建立新文件。由于调用的是一个模板文件，在窗口顶部的标题栏中仍显示为无名工程文档文件。

二、保存文件（ 🖫或 Ctrl+S ）

保存文件就是将当前绘制的图形以文件形式存储到磁盘上。

命令的输入常采用以下两种方式。

● 由工具栏输入　点击标准工具栏中的"保存"图标 🖫。

● 由主菜单输入　点击主菜单中的【文件】→【保存】命令。

如果当前文件为无名文件，则系统弹出一个"另存文件"对话框，如图 1-37 所示。在对话框的文件名输入框内输入文件名，点击 保存(S) 按钮，系统即按所给文件名存盘。文件存储的类型可以选用 CAXA 电子图板文件"*.exb"，也可以选用模板文件"*.tpl"。

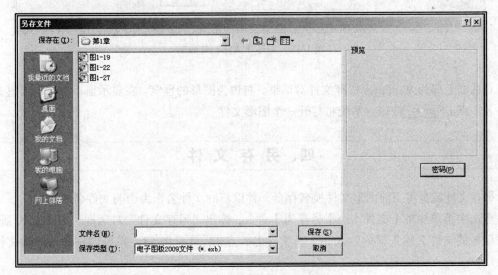

图 1-37　"另存文件"对话框

如果当前文件为有名文件（即窗口顶部标题栏中显示的文件名），则不出现对话框，系统直接按当前文件名存盘。

为避免因发生意外而使绘图结果丢失，要养成经常存储绘图结果的好习惯。

三、打开文件（ 📂或 Ctrl+O ）

打开文件就是要调出一个已存盘的图形文件。

命令的输入常采用以下两种方式。

● 由工具栏输入　点击标准工具栏中的"打开"图标 📂。

● 由主菜单输入　点击主菜单中的【文件】→【打开】命令。

命令输入后，弹出"打开"对话框，如图 1-38 所示。

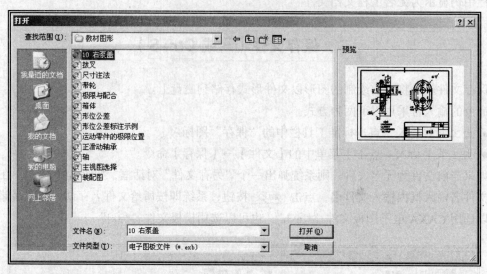

图 1-38 "打开文件"对话框

对话框上部为 Windows 标准文件对话框，右边为图形的预览。在显示窗口中选取要打开的文件名，点击 打开(D) 按钮，系统将打开一个图形文件。

四、另 存 文 件

另存文件就是将当前图形文件换名存盘，并以新的文件名作为当前文件名。

点击主菜单中的【文件】→【另存为】命令，弹出"另存文件"对话框，如图 1-39 所示。在对话框的文件名输入框内输入一个新文件名，点击 保存(S) 按钮，系统即按所给的新文件名存盘。

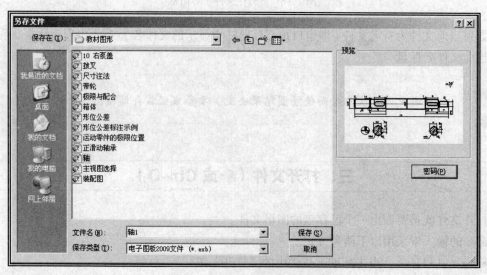

图 1-39 "另存文件"对话框

能力训练（一）

训练项目（1）

① 启动"CAXA 电子图板机械版 2009"，熟悉用户界面。

② 分别从下拉菜单和工具栏输入命令，画出图 1-40 所示图形。

③ 将所绘图形满屏显示，以"学号加姓名"为文件名存盘。

④ 不标注尺寸。

训练项目（2）

① 绘制图 1-41 所示图形。

② 将所绘图形满屏显示，以"学号加姓名"为文件名存盘。

③ 不标注尺寸。

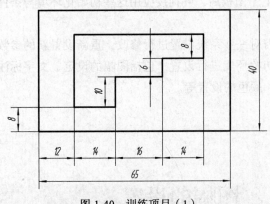

图 1-40　训练项目（1）

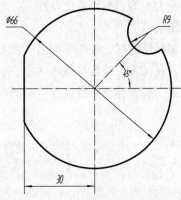

图 1-41　训练项目（2）

项目二
系统设置

【能力目标】

1. 能进行图纸幅面相关设置的操作。
2. 会选择当前层及修改、创建图层。
3. 掌握文本风格的设置、标注风格的设置。
4. 进行文件管理操作。

CAXA 电子图板已预先设置了一些初始化的绘图环境和条件，如图层、线型、颜色、文字类型及大小等，称为系统设置。启动 CAXA 电子图板后，可直接应用这些初始化环境与条件进行绘图。

实际绘图时，根据不同的作图要求，常需对一些系统设置进行修改，重新设置新的参数或条件。在 CAD 技能一级考试中，也要求对初始环境进行设置，包括图幅的设定、文字标注参数设置、尺寸标注参数设置、对图层及线型、颜色的设置等。

任务一
图幅的设置

在绘制工程图样之前，首先要选择合适的图纸幅面。《技术制图》国家标准规定了五种图纸幅面，即 A0、A1、A2、A3、A4，绘图时可根据需要进行选用。图幅设置命令可选择图纸幅面、绘图比例、图纸方向，还可以调入图框和标题栏，并设置当前图纸内所绘装配图中的零件序号、明细表样式等。

命令的输入方式有以下两种。

● 由主菜单输入 点击主菜单中的【幅面】→【图幅设置】命令。

● 由工具栏输入 将光标置于界面显示的工具栏或主菜单任意位置右击，在界面定制菜单点击【工具条】→【图幅】命令，打开图幅工具栏，如图 2-1 所示，单击工具栏中的"图幅设置"图标🔲。

图 2-1 图幅工具栏

命令输入后，弹出"图幅设置"对话框，如图 2-2 所示。

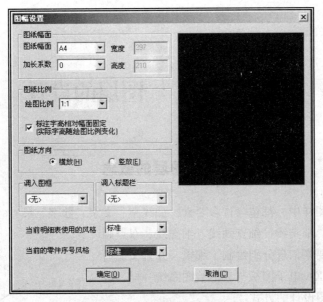

图 2-2   "图幅设置"对话框

一、选择图纸幅面

系统预先设置的图纸幅面为 A4。点击图 2-2 中"图纸幅面"显示框右侧的下拉箭头 ▼，弹出一个下拉列表框，可在列表框中选择 A0～A4 标准图纸幅面或用户自定义图纸幅面。当所选择的幅面为标准幅面时，在"宽度"和"高度"编辑框中，显示该图纸幅面的宽度值和高度值，不能修改；当选择用户自定义图纸幅面时，需要在"宽度"和"高度"编辑框中输入图纸幅面的宽度值和高度值。

二、选择绘图比例

系统预先设置的绘图比例为 1：1。如果希望改变绘图比例，可点击"绘图比例"显示框右侧的下拉箭头 ▼，弹出一个下拉列表框，在列表框中选择国家标准规定的比例值。用左键点击选中某一项后，所选的值在绘图比例显示框中显示。也可以激活编辑框，由键盘直接输入新的比例数值。

三、选择图纸方向

点击"横放"或"竖放"前边的两个单选按钮，可选择图纸的放置方向，被选中者呈黑点显示状态。

在 CAD 技能一级考试中，一般设置为 A3 图幅，横放，绘图比例 1：1。

各选项设置完成后，点击 确定(0) 按钮，选取结束，对话框消失，返回到屏幕绘图状态。

任务二

图层的设置

一、图层的概念

任意一幅工程图样中，都包含许多要素，如线型、文字、数字、尺寸、图例符号等。线型要素又包括粗实线、细实线、细点画线、细虚线、双点画线等。为便于把各要素信息分别绘制、编辑，并且又能适时组合或分离，CAXA 电子图板与其他绘图系统一样，也采用分图层进行绘图设计的方式。

什么是图层呢？如图 2-3 所示，可以把图层想象成没有厚度的透明薄片，将一幅图样的不同内容、绘制在不同的图层上。为保证层与层之间完全对齐，各图层之间具有相同的坐标系和显示缩放系数。当一个图样的各层完全打开时，所有层重叠在一起，就组合成了一幅完整的图样。

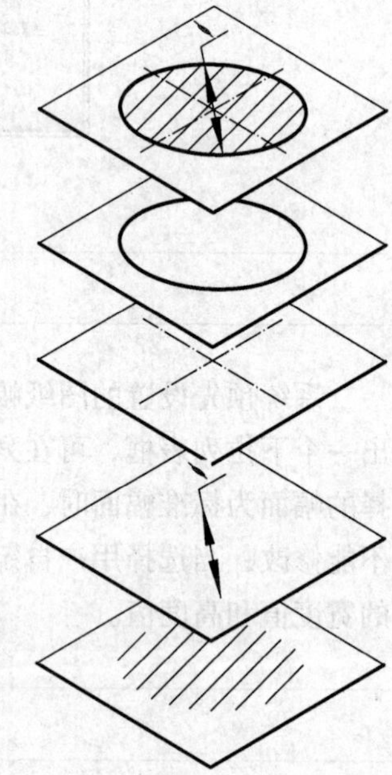

图 2-3　图层的概念

1. 当前层

正在进行操作的图层称为当前层。如果把图层比作若干张重叠在一起的透明薄片，当前层就是位于最上面的那一张。系统只有唯一的当前层，显示在颜色图层工具栏的"当前层选择"窗口中。绘制的图形元素均置于当前层上。

2. 层名

层名是层的代号，每一图层具有唯一的层名。CAXA 电子图板最多可以设置 100 层。每一图层都具有自身的线型和颜色。系统预先定义了八个图层，分别为"0 层"、"中心线层"、"虚线层"、"细实线层"、"粗实线层"、"尺寸线层"、"剖面线层"和"隐藏层"，每个层设置了相应的层描述，用以形象描述该图层的用途，同时系统也为这八个图层定义了线型和颜色。

系统启动后初始的当前层为 0 层，线型为粗实线，颜色为黑白色。

3. 层状态

每一图层都具有"打开"和"关闭"两种状态。图层为打开状态时，该图层上的实体在屏幕上可见，图层为关闭状态时，该图层上的实体虽然存在，但不被显示出来，也不能被拾取。

4. 层锁定

此功能为 CAXA 电子图板的新增功能，可将图层锁定，使其不能被删除或修改。

5. 层打印

此功能也是 CAXA 电子图板的新增功能，可用来选择是否打印所选图层的内容。

二、图层的设置

1. 选择当前层

用来将某个图层设置为当前层。

选择当前层方法有以下两种。

● 由工具栏选择　点击图层颜色工具栏中的"当前层选择"下拉列表框右侧的下拉箭头，可弹出图层列表，如图 2-4 所示。在图层列表中，点击所需的图层，即可完成当前层选择的操作。

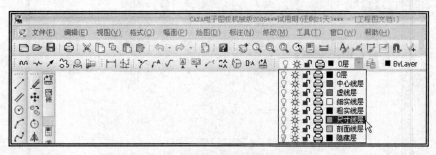

图 2-4　图层列表

● 由主菜单选择　点击主菜单中的【格式】→【图层】命令，弹出"层设置"对话框，如图 2-5 所示。对话框的图层列表框中，列出了系统预先定义的 8 个图层。选择所需图层后，单击 设为当前(C) 按钮，再点击 确定 按钮，即完成选择当前层的操作。

图 2-5　"层设置"对话框

2. 改变图层

用来改变一个已有图层的名称、层描述、层状态、颜色、线型等。

改变图层命令的输入方法有以下两种。

● 由工具栏输入 点击图层颜色工具栏中的"图层"图标 ㊤。

● 由主菜单输入 点击主菜单中的【格式】→【图层】命令。

命令输入后，弹出"层设置"对话框，如图2-5所示。

（1）重命名图层 在"层设置"对话框左侧"图层"列表中选择重命名的图层后点击右键，在弹出的快捷菜单中选择"重命名"命令，如图2-6所示，在编辑框中输入新的图层名。

图2-6 在"层设置"对话框中重命名图层

（2）修改层状态 用左键点击欲改变图层对应的层状态，就可以进行图层的打开与关闭的切换。

当前层不能被关闭。

（3）修改颜色 用左键点击图层对应的颜色框，系统弹出"颜色选取"对话框，如图2-7所示。

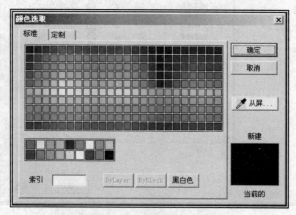

图2-7 "颜色设置"对话框

对话框中列出了系统提供的 258 种标准颜色的选择框,可根据作图需要任意选取。操作时,只需点击所选颜色的方框,再点击 确定 按钮,则图层的颜色变为新选择的颜色。

（4）修改线型　用左键点击图层对应的线型,弹出"线型"对话框,如图 2-8 所示。根据作图需要,从对话框中选取需要的线型后,点击 确定 按钮,该图层的线型变为新选择的线型。

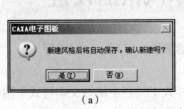

图 2-8　"线型"对话框

（5）修改层锁定或层打印　用左键单击欲修改层的相应位置,在"是"与"否"之间进行切换。

图层修改完成后,点击"层设置"对话框中的 应用(A) 、 确定 按钮即可。

3. 创建图层

用来创建一个新的图层。

创建图层命令的输入方法有以下两种。

● 由工具栏输入　点击图层颜色工具栏中的"图层"图标 ⊞。

● 由主菜单输入　点击主菜单中的【格式】→【图层】命令。

命令输入后,弹出"层设置"对话框,点击 新建(N) 按钮,系统弹出如图 2-9（a）所示提示框。点击 是(Y) 按钮,弹出如图 2-9（b）所示"新建风格"对话框,在"风格名称"框格中输入层名"××",点击"基准风格"选择框右侧下拉选项箭头 ▼ 选择图层,如果选择粗实线层,新建图层的状态与粗实线层状态一致。新图层建立后,在"层设置"对话框右侧最下层显示新建立的图层,如图 2-10 所示。

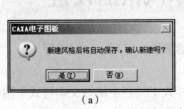

（a）

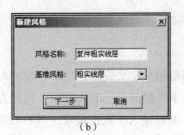

（b）

图 2-9　创建图层对话框

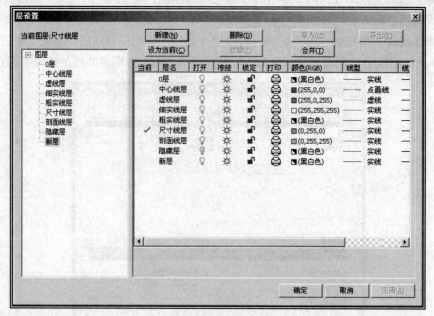

图 2-10　"层设置"对话框

4. 删除图层

用来删除一个用户自己建立的图层。

删除图层命令的输入方法有以下两种。

- 由工具栏输入　点击图层颜色工具栏中的"图层"图标 。
- 由主菜单输入　点击主菜单中的【格式】→【图层】命令。

命令输入后，弹出"层设置"对话框。选中欲删除的自建图层后，点击 删除(D) 按钮，系统弹出一个提示对话框，如图 2-11 所示。点击对话框中的 是(Y) 按钮，所选图层即被删除。

图 2-11　删除图层提示框

　此项操作只能删除自建图层，系统预先设置的原始图层不能被删除。

任务三
文本风格的设置

文本风格用来定义或修改文字字型的参数，包括字体、字高、字间距等。

设置文本风格的命令输入有以下两种方式。

- 由工具栏输入　点击设置工具栏或文本尺寸样式工具栏中的"文本样式"图标 ▲。
- 由主菜单输入　点击主菜单中的【格式】→【文字】命令。

命令输入后，弹出"文本风格设置"对话框，如图2-12所示。图中显示的是系统的默认配置，可以对文本风格进行如下操作，即新建、删除、设为当前，也可执行合并、导入、导出、过滤等管理功能操作。

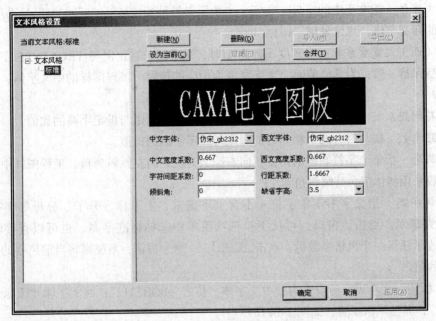

图2-12　"文本风格设置"对话框

一、选择当前风格

系统预定义了名称为"标准"的文本风格为当前风格，该默认文本风格不能被删除或改名，但可以编辑。

二、创建新风格

点击"文本风格设置"对话框中的 [新建(N)] 按钮，将弹出图2-13（a）所示的提示框，点击 [是(Y)] 按钮，弹出"新建风格"对话框，如图2-13（b）所示，基准风格为标准风格，在编辑框中输入一个新创建的文本风格名"尺寸标注"，点击 [下一步] 按钮，回到"文本风格设置"对话框，可在"风格参数"组合框中对新风格的参数进行修改。

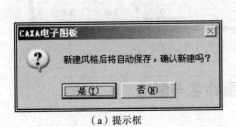

（a）提示框　　　　　　　　　　　（b）对话框

图2-13　新建文本风格

各参数的功能如下。

● **中文字体** 图样中汉字、全角标点符号采用的字体。工程图样的中文字体，建议采用"仿宋_GB2312"体。

● **西文字体** 指文字中的字母、数字、半角标点符号及"ϕ"、"°"、"±"号采用的字体。工程图样的西文字体，建议采用"国标.shx"。

● **中（西）文宽度系数** 当宽度系数为 1 时，文字的长宽比例与 TRUETYPE 字体文件中描述的字型保持一致；为其他值时，文字宽度为相应的倍数。工程图样的中文字体，其宽度系数为 0.667。

● **字符间距系数** 同一行（列）中，两个相邻字符的间距与设定字高的比值。

● **行距系数** 横写时，两个相邻行的间距与设定字高的比值。

● **倾斜角** 指每个字符倾斜的角度。向右倾斜为正，向左倾斜为负。工程图样中的尺寸标注等，一般采用斜体字，其倾斜角为 15°。

● **默认字高** 指文字中正常字符（不含上下偏差、上下标、分子、分母等字符）的高度，单位为毫米。点击该窗口，可从下拉选项菜单中选择标准字高，也可以直接输入任何字高。修改了任何一个风格参数后，点击 应用(A) 、 确定 按钮，系统则将当前风格的参数更新为修改后的值。

"尺寸标注"文本风格的设置为：中文字体"仿宋_gbGB2312"；西文字体"国标.shx"；倾斜角"15°"；其他默认设置，如图 2-14 所示。

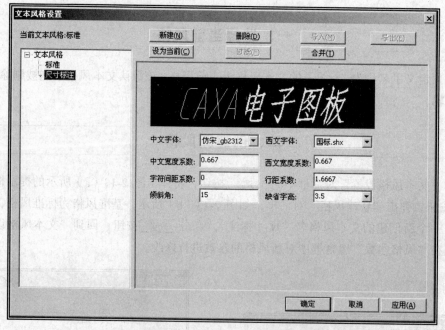

图 2-14 "尺寸标注"文本风格的设置

三、文本风格的重命名与删除

当前风格不是默认文本风格时，可以重命名与删除文本风格。如果要重命名或删除新建的

"尺寸标注"文本风格，用右键点击"尺寸标注"，在弹出的快捷菜单中选择重命名或删除，即可进行操作，如图2-15所示。也可以点击 删除(D) 按钮，在弹出的对话框中，点击 是(Y) 按钮，删除当前的文本风格。

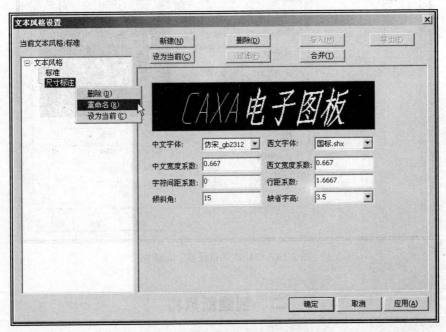

图2-15　文本风格的重命名与删除

任务四
标注风格的设置

标注风格用来定义或修改所有控制工程标注的参数，包括标注文字的设定、标注箭头的控制、尺寸界线与尺寸线的设置等。

设置标注风格的命令输入方法有以下两种。

● 由工具栏输入　点击设置工具栏或文本尺寸样式工具栏中的"尺寸样式"图标 。

● 由主菜单输入　点击主菜单中的【格式】→【尺寸】命令。

命令输入后，弹出"标注风格设置"对话框，如图2-16所示。图中显示的是系统的默认配置。可以在该对话框中对标注风格进行新建、重命名、删除等操作。

一、选择当前风格

选择风格名称后，点击 设为当前(C) 按钮，将所选的标注风格设置为当前使用风格。

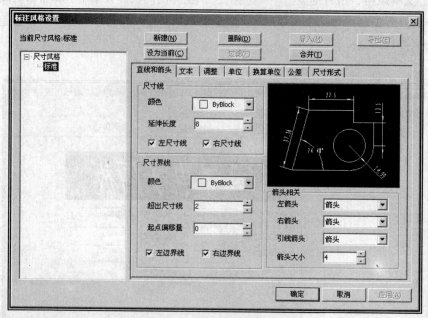

图 2-16　"标注风格设置"对话框

二、创建新风格

点击 新建(N) 按钮，将弹出图 2-17（a）所示的提示框，点击 是(Y) 按钮，弹出图 2-17（b）所示"新建风格"对话框，在编辑框中输入一个新创建的标注风格名，基准风格为标准风格，点击 下一步 按钮，在"标注风格设置"对话框中设置"直线和箭头"、"文本"等选项的风格。

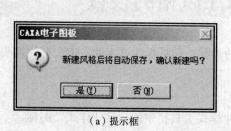

（a）提示框 　　　　　　　　　　　　　（b）对话框

图 2-17　新建标注风格

1. 直线和箭头

对尺寸线、尺寸界线及箭头的大小与样式进行设置。

2. 文字

对尺寸文本、字高等进行设置。

设置完成后点击 应用(A) 按钮，在预览框中，可预览新的标注风格，再点击 确定 按钮。

3. 编辑

对原有的标注风格进行属性编辑。

例如，选择已有的"标准"标注风格进行编辑，在"标注风格设置"对话框中，直接重新设置"直线和箭头"、"文本"等选项的风格。

设置完成后，点击 应用(A) 按钮，在预览框中，可预览修改后的标注风格。如满足编辑要求，点击 确定 按钮。

图 2-18 所示为建筑施工图标注风格的设置，箭头为斜线，大小为 5，尺寸界线起点偏移量为 2，文本高度为 5，单位精度为整数，在预览框中可预览设置后的标注风格。

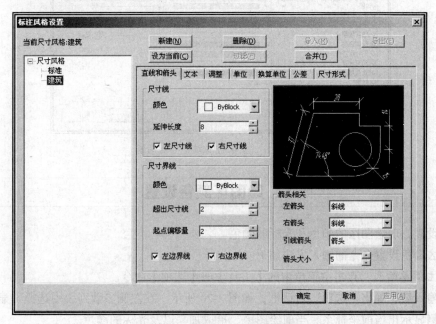

图 2-18　新建标注风格对话框

任务五

其他设置

一、拾取过滤设置

用于设置图形元素的过滤条件。

拾取过滤设置命令的输入方法有以下两种。

● 由工具栏输入　点击设置工具栏中的"拾取设置"图标 ✔。

● 由主菜单输入　点击主菜单中的【工具】→【拾取设置】命令。

命令输入后，弹出"拾取过滤设置"对话框，如图 2-19 所示。从对话框中可以看出，利用对话框可以设置实体拾取过滤条件、图层拾取过滤条件、颜色拾取过滤条件和线型拾取过滤条件，根据需要可以在相应的复选框中进行取消或添加的设置。

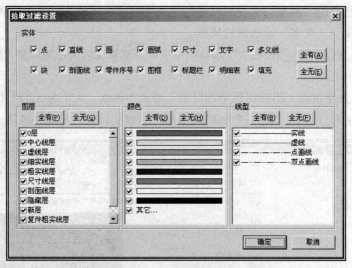

图 2-19　"拾取过滤设置"对话框

二、绘图区颜色设置

用于设置当前绘图区的颜色和光标的颜色。

绘图区颜色设置命令的输入方法如下。

● 由主菜单输入　点击主菜单中的【工具】→【选项】命令。

命令输入后，弹出"选项"对话框，如图 2-20 所示。在左侧参数列表中选择"显示"时，对话框右侧显示出当前坐标系、当前绘图区、拾取加亮以及光标的颜色。

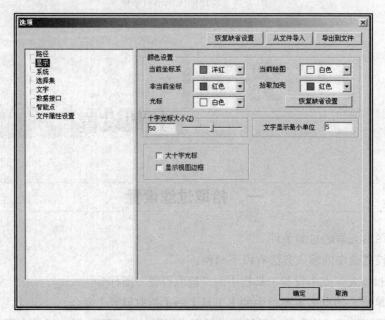

图 2-20　"选项"对话框（颜色设置）

点击当前绘图矩形颜色框右边的下拉按钮 ▾，弹出常用颜色列表，如图 2-21 所示，从列表中可以重新设置所需的颜色。

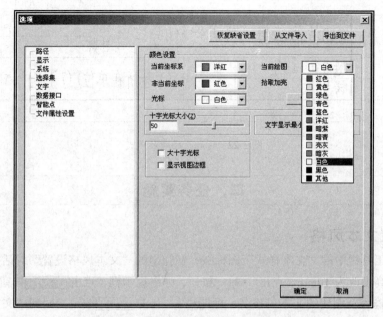

图 2-21 "选项"对话框（常用颜色列表）

点击 恢复缺省设置 按钮，可以恢复到系统默认的颜色设置。

任务六
绘图系统设置实例

一、任务要求

在 CAD 技能一级考试时，试题中图幅设置、图层设置、文本风格设置具体要求如下。

（1）按指定位置建立文件，文件名为"考号加姓名"。

（2）按以下规定设置图层和线型：

图层名称	颜色	线型	线宽
粗实线	黑白	实线	0.5 mm
细实线	绿	实线	0.25 mm
虚线	黄	虚线	0.25 mm
中心线	红	点画线	0.25 mm

（3）根据国家标准要求，按 1∶1 比例绘制 A3 图幅（420×297）和图框，按图 2-22 给定的格式及尺寸，在图纸右下角绘制标题栏，设置文字样式。在对应框内填写文字，字高 10 mm、

5 mm。

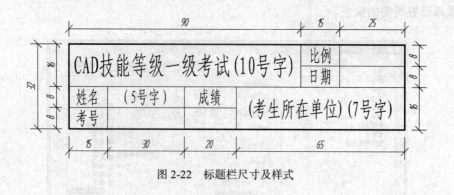

图 2-22 标题栏尺寸及样式

二、任务实施

1. 设置文本风格

点击设置工具栏中的"文本样式"图标，在弹出的"文本风格设置"对话框中，将标准风格默认文字高度改为 10mm。点击 新建(N) 按钮，弹出提示框，点击 是(Y) 按钮，在"新建风格"对话框中输入新创建的文本风格名"标题栏"，点击 下一步 按钮，回到"文本风格设置"对话框，将"风格参数"组合框中文字高度修改为 5mm，点击 应用(A) 、 确定 按钮，如图 2-23 所示。

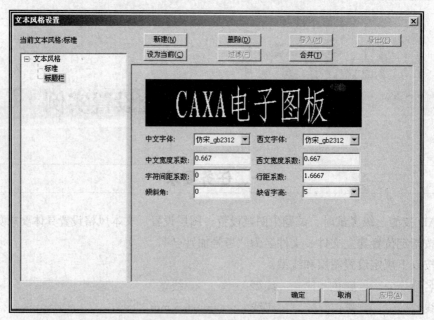

图 2-23 设置"标题栏"文本风格

2. 按要求设置图层

点击图层颜色工具栏中的"图层"图标，按要求在弹出的"层设置"对话框中进行图层、图层颜色、线型、线宽设置。将粗实线层颜色编辑为黑白色，线宽改为 0.5mm；细实线层颜色设置为绿色，线宽 0.25mm；虚线层颜色修改为黄色，线宽设置为 0.25mm。中心线层线宽设置为 0.25mm。新建文字图层，颜色设置为黑色。点击 应用(A) 、 确定 按钮，完成图层的设置，如图 2-24 所示。

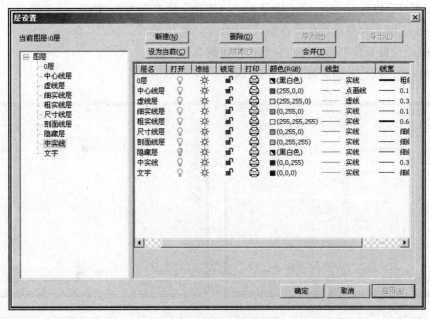

图 2-24　设置图层

3. 设置 A3 图幅

点击主菜单中的【幅面】→【图幅设置】命令，在弹出的"图幅设置"对话框中，将图纸幅面选择为 A3，将图纸方向选择为横放，如图 2-25 所示。点击 确定(0) 按钮，完成图纸幅面的设置。

图 2-25　设置图幅

4. 绘制 A3（420×297）图框

选择当前层为细实线层，点击绘图工具栏中的"矩形"图标□，在弹出的立即菜单中，选择立即菜单"1."为"长度和宽度"方式，将立即菜单"2."改为"左上角定位"方式，将立即菜单"4. 长度"修改为420，将立即菜单"5. 宽度"修改为297，此时，一个粉色矩形被"挂"在十字光标上，随光标移动，如图 2-26（a）所示。系统提示：

定位点:（捕捉直角坐标系原点，点击左键确认）

绘制完成边框线，并满屏显示，如图 2-26（b）所示。

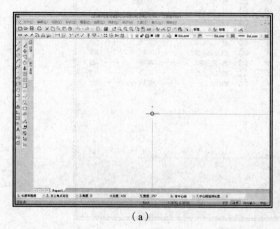 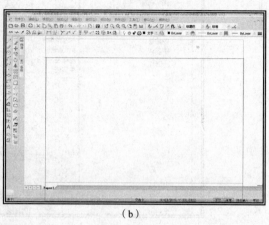

（a）　　　　　　　　　　　　　　　　（b）

图 2-26　绘制图框（一）

选择当前层为粗实线层，再次激活绘制矩形命令，在弹出的立即菜单中，将立即菜单"4. 长度"修改为390，将立即菜单"5. 宽度"修改为287，此时，一个粉色矩形被"挂"在十字光标上，随光标移动，如图 2-27（a）所示。系统提示：

定位点: 25，-5↙

绘制完成的图框，如图 2-27（b）所示。

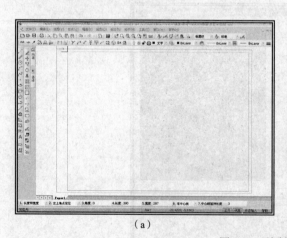 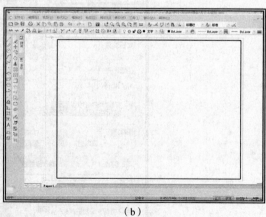

（a）　　　　　　　　　　　　　　　　（b）

图 2-27　绘制图框（二）

5. 绘制标题栏

（1）点击绘图工具栏中的"平行线"图标∥，系统提示：

拾取直线：（用光标拾取图框下边的直线）

输入距离或点（切点）：（见图 2-28（a），将光标移动到该线的上方）32↙

在该线上方 32 mm 处，绘制出一条与之平行的线段，如图 2-28（b）所示。

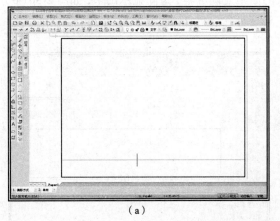
（a）

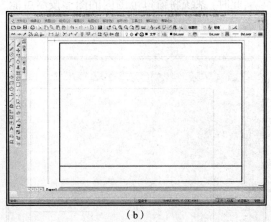
（b）

图 2-28　绘制标题栏（一）

> 平行线绘出后，系统仍提示输入距离或点：，表明本操作可重复进行，↙终止操作。

（2）点击右键重复上一个命令，系统提示：

拾取直线：（拾取图框右边的直线）

输入距离或点（切点）：（将光标移动到该线的左方）130↙

绘制出的平行线，如图 2-29（a）所示。

（3）点击编辑工具栏中的"裁剪"图标，用"快速裁剪"方法，裁剪掉多余的直线，绘制出标题栏的外框，如图 2-29（b）所示。

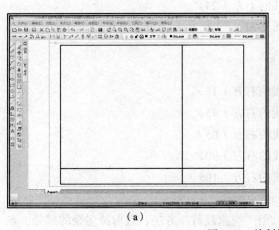
（a）

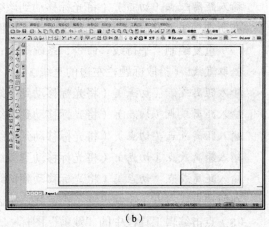
（b）

图 2-29　绘制标题栏（二）

（4）为便于绘制标题栏内的其他内容，将标题栏放大显示。点击常用工具栏中的"显示窗口"图标，系统提示：

显示窗口第一角点：（在标题栏的左下方拾取窗口第一角点）

显示窗口第二角点：（移动光标，拖动出一个由方框表示的窗口，如图 2-30（a）所示。在标题栏右上方拾取窗口第二角点）

此时，系统将窗口范围内的图形按尽可能大的原则充满屏幕，重新显示出来，如图 2-30（b）所示。系统继续提示：

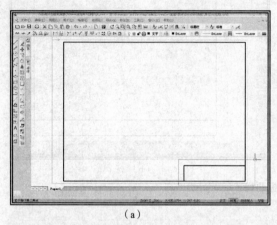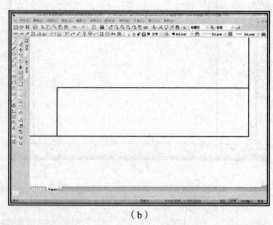

（a）　　　　　　　　　　　　　　　　　（b）

图 2-30　绘制标题栏（三）

显示窗口第一角点：，可再次选择窗口将图形再次放大，点击右键或按 Esc 键退出。

（5）点击颜色图层工具栏中的"当前层选择"下拉列表框右侧的下拉箭头 ，在弹出的图层列表中，选择"细实线层"。

（6）重复绘制"平行线"命令，系统提示：

拾取直线：（拾取标题栏上边的直线）

输入距离或点（切点）：（将光标移动到该线的下方）8↙

输入距离或点（切点）：（将光标移动到该线的下方）16↙

输入距离或点（切点）：（将光标移动到该线的下方）24↙

在所选直线下方，绘制出三条细实线，如图 2-31（a）所示，↙结束操作。

（7）重复绘制"平行线"命令，系统提示：

拾取直线：（拾取标题栏左边的直线）

输入距离或点（切点）：（将光标移动到该线的右方）15↙

输入距离或点（切点）：（将光标移动到该线的右方）45↙

输入距离或点（切点）：（将光标移动到该线的右方）65↙

输入距离或点（切点）：（将光标移动到该线的右方）90↙

输入距离或点（切点）：（将光标移动到该线的右方）105↙

在所选直线右方，绘制出五条细实线，按↙结束操作。

（8）点击编辑工具栏中的"裁剪"图标 ，用"快速裁剪"方法，裁剪掉多余的部分，点击"删除"图标 ，删除剩下的多余的图线，完成标题栏的绘制，如图 2-31（b）所示。

6. 填写标题栏文字

文本当前风格显示框中显示文本风格为"标准"。

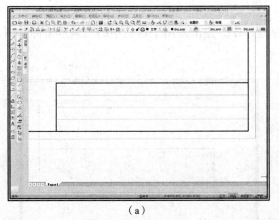
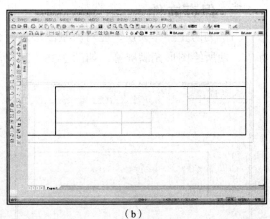

（a）   （b）

图 2-31   绘制标题栏（四）

（1）点击绘图工具栏中的"文字"图标 A，系统提示：

第一点：（捕捉标题栏左上角点，单击左键）

第二点：（捕捉图 2-32（a）所示点，单击左键）

（2）指定了标注文字的区域后，系统弹出"文本编辑器"对话框，选择文字对齐方式，点击"左右居中"图标 和"上下居中"图标，如图 2-32（b）所示。

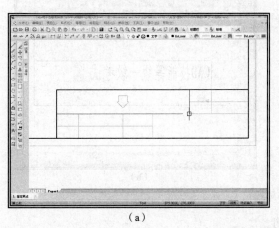
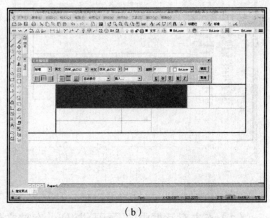

（a）   （b）

图 2-32   填写标题栏（一）

（3）选择任意一种中文输入方式，在对话框的输入窗口输入"CAD 技能等级考试一级考试"，点击 确定 按钮，如图 2-33（a）所示。

（4）点击设置工具栏中的"文本样式"图标，将文本当前风格选择为"标题栏"。重复"文字"命令，指定相应的文字输入矩形区域，依次输入"姓名"、"成绩"、"考号"等文字，如图 2-33（b）所示。

（5）如需将文字修改为其他颜色，可将文字选中后，移动光标至绘图区左侧的特性按钮处，弹出"特性"对话框，如图 2-34（a）所示。在对话框中可对文字的特性、文本风格、文本内容等进行编辑修改。

（6）图 2-34（b）中，标题栏中的文字颜色被修改为黑色。

7. 保存文件

（1）为防止操作失误，应对所绘图形进行存盘操作。点击常用工具栏中的"显示全部"图标🔍，使所绘图形充满屏幕，如图 2-35（a）所示。

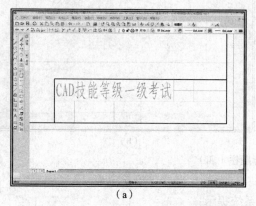
（a）

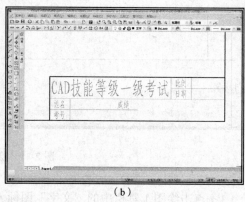
（b）

图 2-33　填写标题栏（二）

（2）点击"保存文件"图标🖫，在"另存文件"对话框中的文件名输入框内，输入"考号和姓名"作为文件名（09001 王红），如图 2-35（b）所示。

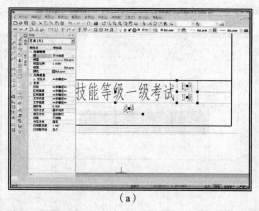
（a）

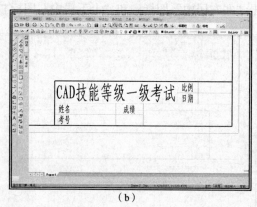
（b）

图 2-34　填写标题栏（三）

（3）点击对话框中的 保存(S) 按钮，存储文件。

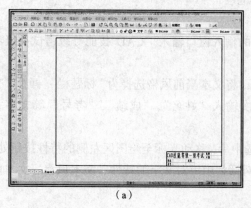
（a）

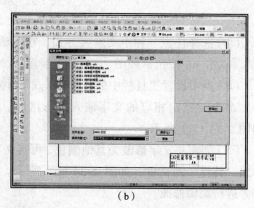
（b）

图 2-35　存储文件

能力训练（二）

训练项目

① 设置图层。图层、颜色、线型要求如下：

层名	颜色	线型	用途
粗实线	黑/白	实线	粗实线
细实线	红	实线	细实线
虚线	洋红	虚线	虚线
中心线	紫	点画线	中心线
尺寸线	黑	实线	尺寸标注
文字	蓝	实线	文字

② 绘制 A3 图幅的装订格式图框，在右下角绘制并填写标题栏，字高 5mm。标题栏的格式及尺寸如图 2-36 所示。

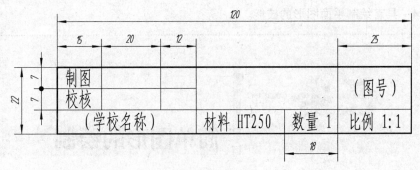

图 2-36 训练项目

③ 设置尺寸参数。字高为 3.5mm，箭头长度为 3.5mm，尺寸界线延伸长度为 2mm，其余参数使用系统缺省配置。

④ 新建图层。要求如下：

层名：剖面线；

颜色：桔红；

线型：实线；

用途：剖面图案。

⑤ 用"学号加姓名"为文件名存盘。

项目三
平面图形的绘制

【能力目标】

1. 熟练掌握圆、直线、正多边形的绘制方法，能正确调用常用绘图命令绘制图形。
2. 掌握常用编辑命令的操作方法，会用常用的编辑命令修改图形。
3. 掌握常用的尺寸标注命令，能使用尺寸标注命令标注平面图形的尺寸。
4. 具有绘制平面图形的技能。

任务一
简单图形的绘制

一、任 务 要 求

按 1∶1 的比例，绘制图 3-1 所示简单图形，不注尺寸。将所绘图形存盘，文件名："3-1 简单图形"。

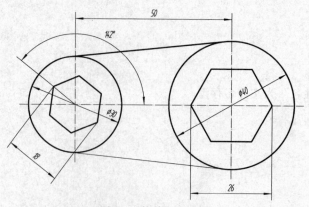

图 3-1 简单图形图例

二、相关知识

通过本项任务的实施过程，熟悉并掌握圆、两点线、角度线的绘制方法，拉伸、删除等常用编辑操作方法，常用的显示控制方法，工具点菜单的使用方法、文件的存储方法等。

三、任务实施

1. 绘制圆

（1）选择当前层。因为所绘图形为粗实线，故当前层选择"0层"。

（2）绘制圆。单击绘图工具栏中的"圆"图标◎，设置立即菜单为"1. 圆心_半径"、"2. 直径"、"3. 有中心线"、"4. 中心线延伸长度3"，系统提示：

圆心点：（捕捉坐标原点，当屏幕上出现加亮的"○"标记时，单击左键）

输入直径或圆上一点：30↙

画出左侧圆，如图3-2（a）所示。

点击绘图工具栏中的"圆"图标◎，将立即菜单改为"1. 圆心_半径"、"2. 直径"、"3. 无中心线"，系统提示：

圆心点：50，0↙

输入直径或圆上一点：40↙

画出两个圆，如图3-2（b）所示。

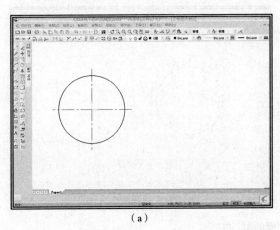
（a）

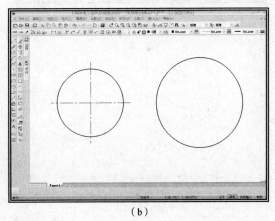
（b）

图3-2　绘制圆

（3）拉伸中心线。在保持曲线原有趋势不变的前提下，对曲线或曲线组进行拉伸或缩短处理。

点击编辑工具栏中的"拉伸"图标▣，出现下列立即菜单。

◇ 立即菜单"1." 是"单个拾取"和"窗口拾取"的切换窗口。

● 单个拾取　拾取单个的直线、圆或圆弧等进行拉伸。

● 窗口拾取　用窗口拾取被拉伸曲线组，对其进行整体拉伸。

设置立即菜单为"1．单个拾取"，系统提示：

拾取曲线：（拾取待拉伸水平线点画线的右端）

立即菜单改变为如图 3-3 所示。

◇ 立即菜单"2."是"轴向拉伸"和"任意拉伸"的切换窗口。

1. 单个拾取　▼ 2. 轴向拉伸　▼ 3. 点方式

图 3-3　拉伸立即菜单

- 轴向拉伸　沿水平方向拉伸。
- 任意拉伸　沿任意方向拉伸。

◇ 立即菜单"3."是"点方式"和"长度方式"的切换窗口。

- 点方式　拉伸到某一点。
- 长度方式　按确定长度拉伸。

系统继续提示：

拉伸到：（此时光标拖动一条粉色线，见图 3-4（a），拉伸到所需位置后，单击左键）

（4）绘制右侧圆竖直中心线。因为所绘图形为中心线层，故当前层选择"中心线层"。点取绘图工具栏中的"直线"图标 ，设置立即菜单为"1．两点线"、"2．单根"，将捕捉方式由"智能"方式切换为"导航"方式，系统提示：

第一点（切点，垂足点）：（捕捉圆的圆心，当屏幕上出现加亮的"○"标记时，沿竖直方向向上移动光标，在屏幕上出现虚线，确定中心线的上面端点，单击左键）

第二点（切点，垂足点）：（向下移动光标，确定中心线的下面端点，单击左键。将捕捉方式再切换为"智能"）

绘制完成的图形如图 3-4（b）所示。

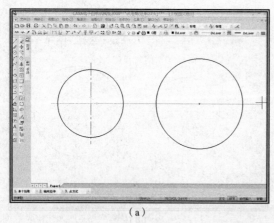
（a）

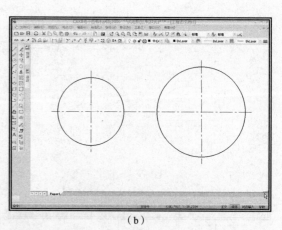
（b）

图 3-4　绘制圆的中心线

2．绘制两条切线

点击绘图工具栏中的"直线"图标 ，将立即菜单设置为"1．两点线"、"2．单根"，系统提示：

第一点（切点，垂足点）：（按空格键，弹出的工具点菜单见图 3-5（a）。在弹出的工具点菜单上选择"切点"，光标变成拾取框，在圆左上方拾取切线的左端点，光标拖动一条红色线，见图 3-5（b））

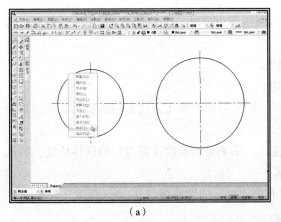 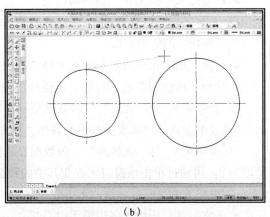

（a） （b）

图 3-5 绘制切线（一）

第二点（切点，垂足点）：（再按 空格键，在弹出的工具点菜单上选择"切点"，光标变成拾取框，在圆右上方拾取切线的另一端点）

绘制完成的切线如图 3-6（a）所示。采取同样方法绘制下方的切线，绘制完成的切线如图 3-6（b）所示。

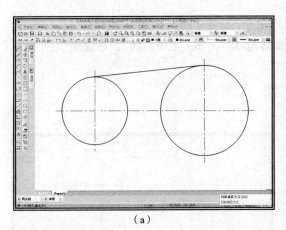 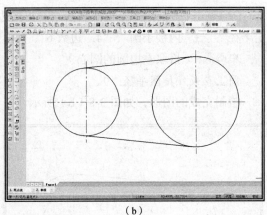

（a） （b）

图 3-6 绘制切线（二）

3. 绘制正六边形

（1）点击绘图工具栏中的"正多边形"图标 ⬡，弹出的立即菜单，如图 3-7 所示。

图 3-7 正多边形的立即菜单

◇ 立即菜单"1."　是绘制正多边形定位方法"中心定位"和"底边定位"的切换窗口。

● 中心定位　即正多边形的定位点在其中心。

● 底边定位　即正多边形的定位点在其底边的左端点上。

◇ 立即菜单"2."　是"给定半径"或"给定边长"的切换窗口。

● 给定半径　给出与正多边形内接或外切圆的半径。

● 给定边长　给出正多边形的边长。

◇ 立即菜单"3."　是按"给定半径"方式画正多边形时，该多边形与给定半径的圆"内接"或"外切"的转换窗口。

● 内接　所绘正多边形与给定半径的圆内接。

● 外切　所绘正多边形与给定半径的圆外切。

◇ 立即菜单"4. 边数"　为数据显示窗口。用来显示所绘正多边形的边数，默认边数为6。可通过单击该窗口来改变其中的数据。

◇ 立即菜单"5. 旋转角"　为数据显示窗口。用来显示所绘正多边形的旋转角度，默认角度为0。可通过单击该窗口来改变其中的数据。

◇ 立即菜单"6."　是"无中心线"与"有中心线"的切换窗口。

● 无中心线　所绘正多边形无中心线。

● 有中心线　所绘正多边形有中心线。

将立即菜单设置为"1. 中心定位"、"2. 给定半径"、"3. 内接于圆"、"4. 边数 6"、"5. 旋转角 0"、"6. 无中心线"，系统提示：

中心点：（拾取右边圆的圆心）

圆上点或外接圆半径：13↙

绘制完成的图形，如图 3-8（a）所示。

（2）点击右键或按↙，再次激活绘制正多边形命令，设置立即菜单为"1. 中心定位"、"2. 给定半径"、"3. 内接于圆"、"4. 边数 6"、"5. 旋转角-38"、"6. 无中心线"，系统提示：

中心点：（拾取左边圆的圆心）

圆上点或外接圆半径：9↙

绘制完成的图形，如图 3-8（b）所示。

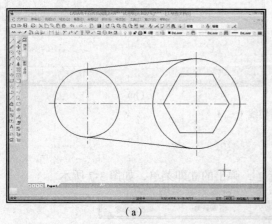

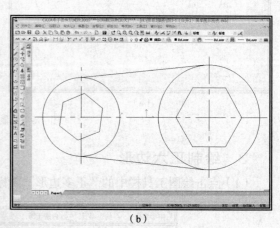

（a）　　　　　　　　　　　　　　　（b）

图 3-8　绘制正多边形

4. 保存文件

（1）检查全图，确认无误后，点击常用工具栏中的"显示全部"图标，使所绘图形充满屏幕。

（2）点击"保存"图标，在"另存文件"对话框中的文件名输入框内输入文件名"3-1简单图形"，点击 保存(S) 按钮存储文件。

任务二

垫片的绘制

一、任务要求

按 1∶1 的比例，绘制图 3-9 所示垫片，不注尺寸。将所绘图形存盘，文件名："3-2 垫片"。

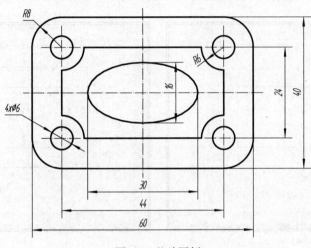

图 3-9　垫片图例

二、相关知识

通过本项任务的实施过程，熟悉并掌握矩形、圆、椭圆、中心线的绘制方法；裁剪、阵列（矩形阵列）、圆角过渡等编辑命令的操作方法。

三、任务实施

1. 绘制两个矩形

（1）选择当前层。因为所绘图形为粗实线，故当前层选择"0层"或"粗实线层"。

（2）绘制矩形。点击绘图工具栏中的"矩形"图标▭，弹出的立即菜单如图 3-10（a）所示。

1.两角点	▾ 2.无中心线	▾

（a）

1.长度和宽度	▾ 2.中心定位	▾ 3.角度 0	4.长度 200	5.宽度 100	6. 有中心线	▾ 7.中心线延伸长度	3

（b）

图 3-10　矩形的立即菜单

◇ 立即菜单 "1." 　为"两角点"和"长度和宽度"两种绘制矩形方式的切换窗口。

● 两角点　直接指定矩形的两个对角点。

● 长度和宽度　指定矩形的长度和宽度。

◇ 立即菜单 "2." 　为"无中心线"和"有中心线"两种方式的切换窗口。

切换立即菜单为"1. 长度和宽度"窗口，立即菜单变成如图 3-10（b）所示。

将立即菜单设置为"1. 长度和宽度"、"2. 中心定位"、"3. 角度 0"、"4. 长度 44"、"5. 宽度 24"、"6. 无中心线"，系统提示：

定位点：（捕捉坐标原点，完成小矩形的绘制，见图 3-11（a））

再次激活绘制矩形命令，将立即菜单设置为"1. 长度和宽度"、"2. 中心定位"、"3. 角度 0"、"4. 长度 60"、"5. 宽度 40"、"6. 有中心线"、"7. 中心线延伸长度 3"，系统提示：

定位点：（捕捉坐标原点，完成大矩形的绘制，见图 3-11（b））

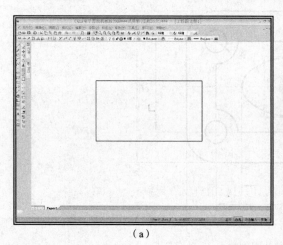
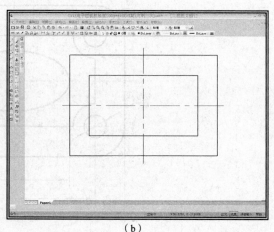

（a）　　　　　　　　　　　　　　　　　　　（b）

图 3-11　矩形的绘制

2. 圆角过渡

过渡是修改对象，使其以圆角、倒角等方式连接。过渡操作分为圆角、多圆角、倒角、外倒角、内倒角、多倒角和尖角等七种方式。可通过立即菜单进行选择，过渡命令的立即菜单如图 3-12 所示。

点击编辑工具栏中的"过渡"图标，弹出立即菜单。

◇ 立即菜单 "1." 　为选项菜单，可在单击后弹出的选项中选择过渡操作。图 3-13 所示为过渡的选项菜单。

图 3-12　过渡的立即菜单　　　　　图 3-13　过渡的选项菜单

● 圆角　在两圆弧（或直线）之间用圆角进行光滑过渡。

- 多圆角　用给定半径过渡一系列首尾相连的直线段。
- 倒角　在两直线间进行倒角过渡。直线可被裁剪或向角的方向延伸。
- 外倒角　用于在轴端或孔肩绘制倒角。
- 内倒角　用于在孔端或轴肩绘制倒角。
- 多倒角　倒角过渡一系列首尾相连的直线。
- 尖角　在两条曲线（直线、圆弧、圆等）的交点处，形成尖角过渡。

◇ 立即菜单"2."　为选项菜单，用鼠标单击可以对其进行裁剪方式的切换。如图 3-14 所示，裁剪的选项菜单，包含"裁剪"、"裁剪起始边"、"不裁剪"三种方式。

- 裁剪　裁剪掉过渡后所有边的多余部分。
- 裁剪起始边　只裁剪掉起始边的多余部分，起始边也就是用户拾取的第一条曲线。
- 不裁剪　执行过渡操作以后，原线段保留原样，不被裁剪。

◇ 立即菜单"3. 半径"　为数据显示窗口。用来显示圆角半径，可通过单击该窗口来改变其中的数据。

将立即菜单设置为"1. 多圆角"、"2. 裁剪"、"3. 半径 8"，系统提示：

拾取首尾相连的直线（拾取矩形，完成圆角绘制）

执行"过渡"命令后的矩形，如图 3-15 所示。

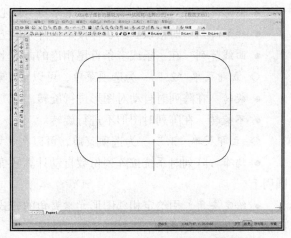

图 3-14　裁剪的选项菜单　　　　　　　　图 3-15　执行"过渡"命令后的矩形

3. 绘制左下方同心圆

点击绘图工具栏中的"圆"图标⊘，将立即菜单设置为"1. 圆心_半径"、"2. 直径"、"3. 无中心线"方式，系统提示：

圆心点：（捕捉小矩形左下角端点，当屏幕上出现加亮的"□"标记时单击左键）

输入直径或圆上一点：6✓

输入直径或圆上一点：12✓

绘制出的图形，如图 3-16（a）所示。

4. 矩形阵列

阵列通过一次操作可同时生成若干个相同的图形，以提高作图效率。

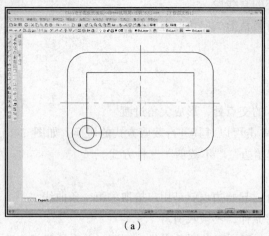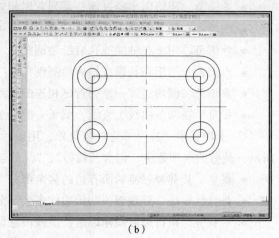

（a）　　　　　　　　　　　　　　　　（b）

图 3-16　绘制圆角处的同心圆

点击编辑工具栏中的"阵列"图标，弹出系统默认的立即菜单，如图 3-17 所示。

| 1. 圆形阵列 | 2. 旋转 | 3. 均布 | 4. 份数 4 |

图 3-17　环形阵列立即菜单

◇ 立即菜单"1."　为选项菜单，包括"圆形阵列"、"矩形阵列"和"曲线阵列"三种切换方式。

● 圆形阵列　对拾取的图素，以某基点为圆心进行阵列复制。

● 矩形阵列　对拾取到的实体按矩形阵列的方式进行阵列复制。

● 曲线阵列　在一条或多条首尾相连的曲线上生成均布的图形选择集。

◇ 立即菜单"2."　为选项菜单，可以在"旋转"和"不旋转"两种方式间切换。

● 旋转　在阵列时自动对图形进行旋转。

● 不旋转　在阵列时图形不进行旋转。

◇ 立即菜单"3."　为选项菜单，可以在"均布"和"给定夹角"两种方式间切换。

● 均布　阵列时系统按阵列份数自动计算各插入点的位置，使阵列后的图形，均匀分布在圆周上。

● 给定夹角　用给定相邻图形元素夹角的方式进行圆形阵列。给定夹角立即菜单如图 3-18 所示，可以根据实际操作修改窗口中的数据。

| 1. 圆形阵列 | 2. 旋转 | 3. 给定夹角 | 4. 相邻夹角 30 | 5. 阵列填角 360 |

图 3-18　给定夹角立即菜单

◇ 立即菜单"4. 份数"　为数据显示窗口。用来显示阵列的份数，可通过单击该窗口来改变其中的数据。

根据垫片的尺寸，将立即菜单设置为"1. 矩形阵列"、"2. 行数 2"、"3. 行间距 24"、"4. 列数 2"、"5. 列间距 44"、"6. 旋转角 0"，如图 3-19 所示，系统提示：

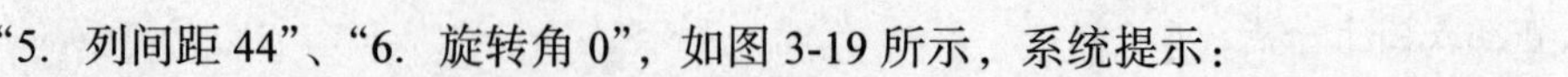

| 1. 矩形阵列 | 2. 行数 2 | 3. 行间距 24 | 4. 列数 2 | 5. 列间距 44 | 6. 旋转角 0 |

图 3-19　矩形阵列立即菜单

拾取元素:（拾取两同心圆，点击右键确认，即可完成其余三组同心圆的绘制，见图 3-16（b））

5. 整理图形

点击编辑工具栏中的"裁剪"图标，选择"快速裁剪"方式，系统提示：

拾取要裁剪的曲线：（逐一点击欲裁剪掉大圆和小矩形多余线）

裁剪后的图形，如图 3-20（a）所示。

6. 绘制圆中心线

点击绘图工具栏中的"直线"图标，系统提示：

拾取圆（弧、椭圆）或第一条直线（依次选择小圆）

绘制出的图形，如图 3-20（b）所示。

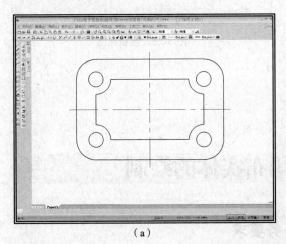 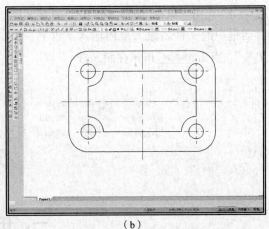

（a）　　　　　　　　　　　　　　　　　（b）

图 3-20　裁剪和绘制中心线

如果先绘制小圆的中心线再裁剪，容易将中心线剪掉。因此先将多余图线裁剪后，再绘制中心线。

7. 绘制椭圆

点击绘图工具栏中的"椭圆"图标，弹出的立即菜单，如图 3-21 所示。

1.给定长短轴　　2.长半轴100　　3.短半轴50　　4.旋转角0　　5.起始角=0　　6.终止角=360

图 3-21　绘制椭圆立即菜单

◇ 立即菜单"1." 为选项菜单，可单击后选择给定"长短轴"、"轴上两点"、"中心点_起点"等三种绘制椭圆的方式。

● 给定长短轴　是绘制椭圆的默认方式，可按给定的椭圆长短轴绘制椭圆。

● 轴上两点　输入一个轴的两端点，然后通过输入另一个轴的长度或用鼠标拖动，决定椭圆的形状。

● 中心点_起点　输入椭圆的中心点和一个轴的端点（即起点），然后输入另一个轴的长度或用鼠标拖动，决定椭圆的形状。

由于图形给出椭圆的长短轴尺寸，故选择给定长短轴方式绘制椭圆。将立即菜单设置为

"1. 给定长短轴"、"2. 长半轴 30"、"3. 短半轴 8"，其他为默认设置，系统提示：

基准点：（捕捉对称线交点，当屏幕上出现加亮"×"标记时，单击左键）

绘制完成的图形，如图 3-22 所示。

8. 保存文件

（1）检查全图，确认无误后，点击常用工具栏中的"显示全部"图标⊙，使所绘图形充满屏幕。

（2）点击"保存"图标🖫，在"另存文件"对话框中的文件名输入框内输入文件名"3-2垫片"，点击 保存⑤ 按钮存储文件。

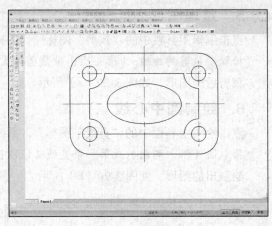

图 3-22　绘制椭圆

任务三

均布实体的绘制

一、任务要求

按 1：2 的比例绘制图 3-23 所示均布实体图形，不注尺寸。将所绘图形存盘，文件名："3-3均布实体"。

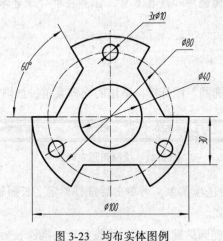

图 3-23　均布实体图例

二、相关知识

通过本项任务的实施过程，熟悉并掌握绘图比例的设置方法；进一步掌握角度线的绘制方法；熟悉并掌握偏移、阵列（圆形阵列）、镜像编辑命令的操作方法。

三、任务实施

1. 设置绘图比例

点击主菜单中的【幅面】→【图幅设置】命令，弹出"图幅设置"对话框。在对话框中设置绘图比例为 1：2，如图 3-24 所示。

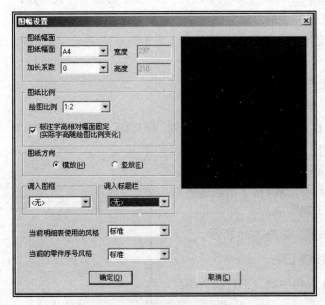

图 3-24　"图幅设置"对话框

2. 绘制圆

（1）选择当前层。当前层选择"中心线层"。

（2）点击绘图工具栏中的"圆"图标⊙，将立即菜单设置为"1. 圆心_半径"、"2. 直径"、"3. 无中心线"方式，系统提示：

圆心点：（捕捉坐标原点，当屏幕上出现加亮的"○"标记时，单击左键）

输入直径或圆上一点：80✓

绘制出的点画线圆如图 3-25（a）所示。

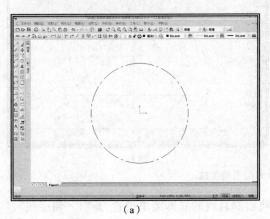
（a）

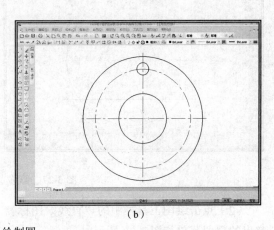
（b）

图 3-25　绘制圆

（3）选择当前层。当前层选择"粗实线层"。

（4）再次点击绘图工具栏中的"圆"图标⊙，将立即菜单设置为"1. 圆心_半径"、"2. 直径"、"3. 有中心线"、"4. 中心线延伸长度 3"（延伸长度为默认值），系统提示：

圆心点：（捕捉坐标原点，当屏幕上出现加亮的"○"标记时，单击左键）

输入直径或圆上一点：100↙

输入直径或圆上一点：（将立即菜单改为"3. 无中心线"方式）40↙

再次点击绘图工具栏中的"圆"图标⊙，系统提示：

圆心点：（捕捉圆竖直中心线与点画线圆上方象限点的交点，当屏幕上出现加亮的"×"标记时，单击左键）

输入直径或圆上一点：10↙

绘制出的图形，如图 3-25（b）所示。

（5）圆形阵列。点击编辑工具栏中的"阵列"图标▦，设置立即菜单"1. 圆形阵列"、"2. 旋转"、"3. 均布"、"4. 份数为 3"，系统提示：

拾取添加：（拾取小圆，点击右键确认）

中心点：（捕捉圆心，当屏幕上出现加亮的"○"标记时，单击左键）

圆形阵列后的图形，如图 3-26 所示。

3. 绘制梯形缺口

（1）点击绘图工具栏中的"平行线"图标◢，系统提示：

拾取直线：（用光标拾取圆的水平中心线，将光标向下移动，光标拖动一条水平粉色线）

输入距离或点（切点）：30↙

在中心线下方 30 mm 处绘制出一条与之平行的线段，如图 3-27（a）所示。

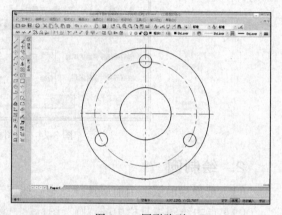

图 3-26　圆形阵列

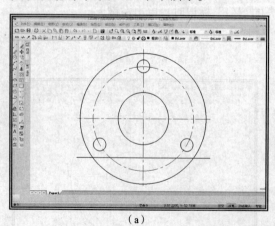

（a）

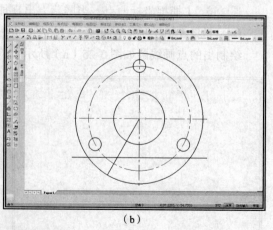

（b）

图 3-27　偏移直线和绘制角度线

（2）点击绘图工具栏中的"直线"图标◢，将绘制直线的立即菜单设置为"1. 角度线"，弹出的立即菜单如图 3-28 所示。

1. 角度线 ▾	2. X轴夹角 ▾	3. 到线上	4.度 = 45	5.分 = 0	6.秒 = 0

图 3-28　绘制角度线的立即菜单

◇ 立即菜单 "2." 　为选项菜单，可单击后选择 X 轴夹角、Y 轴夹角和直线夹角等三种绘制角度线方式。

● X 轴夹角　绘制与 X 轴夹角为指定角度的直线段。

● Y 轴夹角　绘制与 Y 轴夹角为指定角度的直线段。

● 直线夹角　绘制与已知直线夹角为指定角度的直线段。

◇ 立即菜单 "3." 　为 "到点" 和 "到线上" 两种方式的切换窗口。

● 到点　角度线的终点为直接指定的点。

● 到线上　角度线的终点为该角度线与指定直线的交点（包括延伸交点）。

在立即菜单中选择 "2. X 轴夹角"、"3. 到线上"、"4. 度=60"、"5. 分=0"、"6 度=0"，系统提示：

第一点（切点）:（捕捉圆心，当屏幕上出现加亮的 "○" 标记时，单击左键）

拾取曲线:（用光标拾取大圆）↙

绘制出的图形，如图 3-27（b）所示。

（3）点击编辑工具栏中的 "裁剪" 图标 ⊀，用 "快速裁剪" 方法，裁剪多余的图线，完成的图形如图 3-29（a）所示。

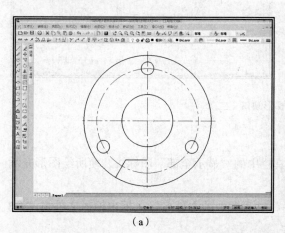
（a）

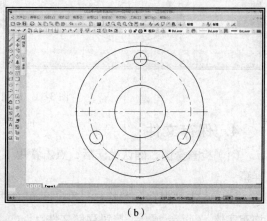
（b）

图 3-29　绘制梯形缺口（一）

（4）镜像绘制梯形。镜像即对拾取到的实体以某一条直线为对称轴，进行对称镜像或对称复制。

点击编辑工具栏中的 "镜像" 图标，弹出的立即菜单如图 3-30 所示。

1. 选择轴线 ▾	2. 拷贝 ▾

图 3-30　镜像立即菜单

◇ 立即菜单 "1." 　为 "选择轴线" 和 "拾取两点" 的切换窗口。

● 选择轴线　以选择的直线为对称轴，进行对称镜像或对称复制。

● 拾取两点　以选择的两点连线为对称轴，进行对称镜像或对称复制。

◇ 立即菜单 "2." 　为 "拷贝" 和 "镜像" 的切换窗口。

● 拷贝　镜像后保留原图，即对称复制。

● 镜像　镜像后不保留原图，即对称镜像。

将立即菜单设置为"1. 选择轴线"、"2. 拷贝"，系统提示：

拾取元素：（由采用窗口拾取方式拾取镜像实体后，点击右键确认）

拾取轴线：（拾取圆的竖直中心线）

完成镜像操作后的图形，如图3-29（b）所示。

（5）圆形阵列。点击编辑工具栏中的"阵列"图标⊞，将立即菜单设置为"1. 圆形阵列"、"2. 旋转"、"3. 均布"，"4. 份数3"，系统提示：

拾取添加：（采用窗口拾取方式拾取梯形框，点击右键确认）

中心点：（捕捉圆心，当屏幕上出现加亮的"○"标记时，单击左键）

圆形阵列后的图形，如图3-31（a）所示。

（6）点击编辑工具栏中的"裁剪"图标✂，用"快速裁剪"方法，裁剪多余的图线，并绘制小圆的中心线，完成的图形如图3-31（b）所示。

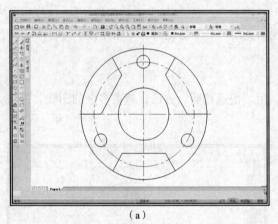
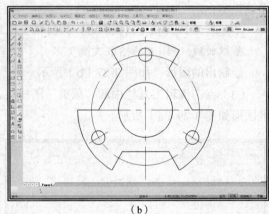

（a）　　　　　　　　　　　　　　　　（b）

图3-31　绘制梯形缺口（二）

4. 保存文件

（1）检查全图，确认无误后，点击常用工具栏中的"显示全部"图标🔍，使所绘图形充满屏幕。

（2）点击"保存"图标💾，在"另存文件"对话框中的文件名输入框内输入文件名"3-3均布实体"，点击 保存(S) 按钮存储文件。

任务四

推杆的绘制

一、任务要求

按1:1的比例，绘制图3-32所示推杆的视图，不注尺寸。将所绘图形存盘，文件名："3-4

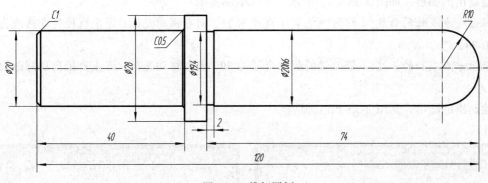

图 3-32　推杆图例

二、相关知识

通过本项任务的实施过程，熟悉并掌握绘制孔/轴、圆弧命令的使用方法；掌握外倒角过渡与内倒角过渡编辑命令的操作方法；掌握构件库的使用方法。

三、任务实施

1. 用"孔/轴"命令绘制矩形

（1）选择当前层。因为所绘图形为粗实线，故当前层选择"粗实线层"。

（2）绘制轴轮廓。点击绘图工具Ⅱ工具栏中的"孔/轴"图标，弹出的立即菜单如图 3-33 所示。

◇ 立即菜单"1."　为"轴"和"孔"的切换窗口。

1. 轴 ▼	2. 直接给出角度	3. 中心线角度　0

图 3-33　孔/轴命令的立即菜单（一）

- 轴　绘制轴。
- 孔　绘制孔。

◇ 立即菜单"2."　为"直接给出角度"和"两点确定角度"的切换窗口。

- 直接给出角度　以输入的角度值，确定轴或孔的倾斜角度。
- 两点确定角度　以输入两点间的连线，确定轴或孔的倾斜角度。

选用系统默认的立即菜单，系统提示：

插入点：（用光标在屏幕上适当位置指定一点，作为轴左端面的定位点）

立即菜单变为图 3-34 所示。

图 3-34　孔/轴命令的立即菜单（二）

将立即菜单设置为"1. 轴"、"2. 起始直径 20"、"3. 终止直径 20"、"4. 有中心线"、"5. 中心线延伸长度 3"（延伸长度为默认值），系统提示：

轴上一点或轴的长度：（向右移动光标）40↙

绘制出的图形，如图 3-35（a）所示。系统继续提示：

轴上一点或轴的长度：（修改轴的起始直径为 28，向右移动光标，终止直径自动修改为 28）

160-40-74↙

轴上一点或轴的长度：（修改轴的起始直径为 20，向右移动光标，终止直径自动修改为 20）

74-10↙

绘制出的图形，如图 3-35（b）所示。

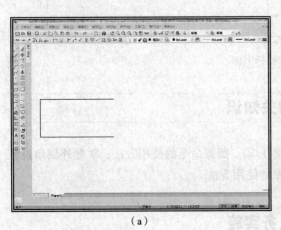
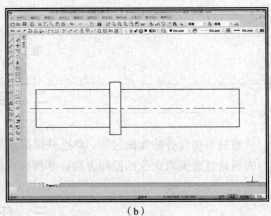

（a）　　　　　　　　　　　　　　　　（b）

图 3-35　用孔/轴命令绘制矩形

2.　绘制半圆

（1）拉伸轴线。点击编辑工具栏中的"拉伸"图标，将立即菜单设置为"1. 单个拾取"，系统提示：

拾取曲线：（拾取待拉伸轴线的右端）

立即菜单变为"1. 单个拾取"、"2. 轴向拉伸"、"3. 点方式"，系统继续提示：

拉伸到：（拉伸到适宜位置点，单击左键）

（2）拉伸竖直粗实线。点击编辑工具栏中的"拉伸"图标，将立即菜单设置为"1. 单个拾取"，系统提示：

拾取曲线：（拾取待拉伸竖直线上端）

立即菜单变为"2. 单个拾取"、"3. 轴向拉伸"、"4. 点方式"，系统继续提示：

拉伸到：（拉伸到适宜位置点，单击左键）

（3）采用特性匹配将竖直粗实线编辑为点画线。

特性匹配可以将一个对象的某些或所有特性复制到其他对象。点击编辑工具栏中的"特性匹配"图标，光标变成拾取框，系统提示：

拾取源对象：（拾取轴线）

拾取目标对象：（拾取右端竖直粗实线，粗实线变成点画线）

绘制完成的图形，如图 3-36（a）所示。

（4）绘制圆弧。点击绘图工具栏中的"圆弧"图标，弹出绘制圆弧的选项菜单，如图 3-37所示。

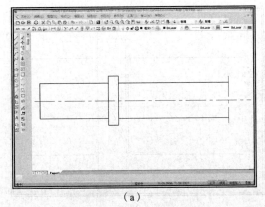
（a）

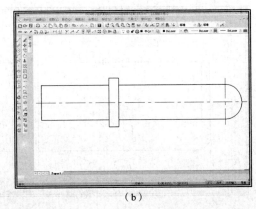
（b）

图 3-36　绘制圆弧

● 三点圆弧　通过连续给出的三点画圆弧。其中第一点为起点，第三点为终点。

● 圆心_起点_圆心角　已知圆心、起点及圆心角或终点画圆弧。

● 两点_半径　已知两点及圆弧半径画圆弧。

● 圆心_半径_起终角　已知圆心、半径和起终角画圆弧。

● 起点_终点_圆心角　已知起点、终点、圆心角画圆弧。

● 起点_半径_起终角　已知起点、半径和起终角画圆弧。

根据推杆的尺寸，可以选择"1. 两点_半径"方式，系统提示：

第一点（切点）：（捕捉图 3-36（a）所示的右下方交点，当屏幕上出现加亮的"×"标记时，单击左键）

第二点（切点）：（拾取图 3-36（a）所示的右上方交点，当屏幕上出现加亮的"×"标记时，单击左键）

第三点（切点或半径）：10↙

绘制完成的图形，如图 3-36（b）所示。

图 3-37　绘制圆弧选项菜单

3．外倒角和内倒角过渡

外倒角和内倒角过渡为过渡的一种方式，用来绘制轴或孔的倒角。

（1）在轴的左端面上绘制外倒角。点击编辑工具栏中的"过渡"图标，将立即菜单设置为"1. 外倒角"、"2. 裁剪"、"3. 长度 1"、"4. 角度 45"，系统提示：

拾取第一条直线：（拾取 ϕ20 轴段的左端面线）

拾取第二条直线：（拾取 ϕ20 轴段的一条外形轮廓线）

拾取第三条直线：（拾取 ϕ20 轴段的另一条外形轮廓线）

绘制出左端外倒角，如图 3-38（a）所示。

（2）在轴肩处绘制内倒角。重复"过渡"命令，将立即菜单改为"1. 内倒角"、"2. 裁剪"、"3. 长度 0.5"、"4. 角度 45"，系统提示：

拾取第一条直线：（拾取 ϕ20 轴段的右端面线）

拾取第二条直线：（拾取 ϕ20 轴段的一条外形轮廓线）

拾取第三条直线：（拾取 ϕ20 轴段的另一条外形轮廓线）

绘制完成的图形，如图 3-38（b）所示。

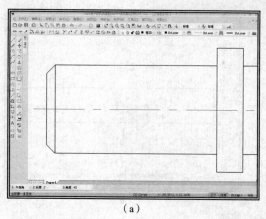 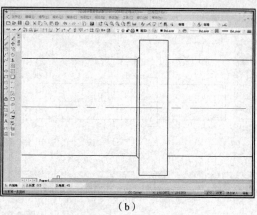

（a） （b）

图 3-38　绘制内外倒角

4．绘制退刀槽

点击主菜单中的【绘图】→【构件库（C）】命令，弹出"构件库"对话框，如图 3-39（a）所示。移动对话框右侧的滚动条，在构件框中点取"轴端部退刀槽"，如图 3-39（b）所示。按下 确定 按钮，返回到绘图状态。

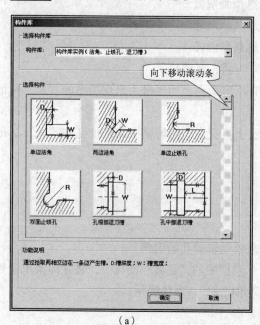 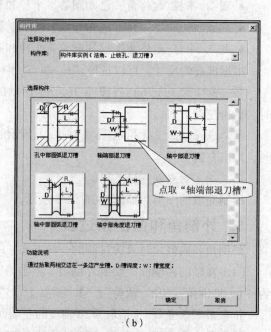

（a） （b）

图 3-39　在"构件库"对话框中选择"轴端部退刀槽"

在立即菜单中选择"1．槽直径 W2"、"2．槽深度 D0.3"，系统提示：

请拾取轴的一条轮廓线：（拾取 ϕ20 轴段的一条外形轮廓线）

请拾取轴的另一条轮廓线：（拾取 ϕ20 轴段的另一条外形轮廓线）

请拾取轴的端面线：（拾取 ϕ28 轴段的左端面线）

绘制出退刀槽图形，如图 3-40（a）所示。

5．保存文件

（1）检查全图，确认无误后，点击常用工具栏中的"显示全部"图标 ，使所绘图形充满屏幕，如图 3-40（b）所示。

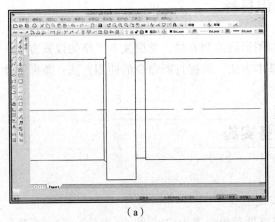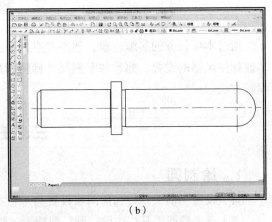

| （a） | （b） |

图 3-40　绘制退刀槽

（2）点击"保存"图标🖫，在"另存文件"对话框中的文件名输入框内输入文件名"04-推杆"，点击 保存(S) 按钮存储文件。

任务五

吊钩的绘制

一、任务要求

按 1：1 的比例，绘制图 3-41 所示吊钩视图，标注尺寸。将所绘图形存盘，文件名："3-5 吊钩"。

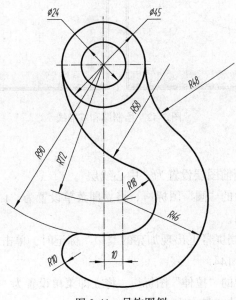

图 3-41　吊钩图例

二、知识目标

通过本项任务的实施过程，熟悉并掌握平面图形的绘制方法；掌握文本风格的设置方法；掌握标注风格的设置；熟悉并掌握尺寸标注的基本方法；掌握打断命令的使用方法；掌握属性编辑方法。

三、任务实施

1. 绘制圆

（1）设置当前层。将当前图层设置为"粗实线层"。

（2）点击绘图工具栏中的"圆"图标 ⊙，将立即菜单设置为"1. 圆心_半径"、"2. 直径"、"3. 有中心线"、"4. 中心线延伸长度3"（延伸长度为默认值），系统提示：

圆心点：（在屏幕任意一点，点击左键）

输入直径或圆上一点：45↙

将立即菜单改为"1. 圆心_半径"、"2. 直径"、"3. 无中心线"，系统提示：

输入直径或圆上一点：24↙

输入直径或圆上一点：180↙

绘制出的图形，如图3-42（a）所示。

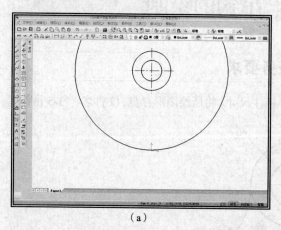
（a）

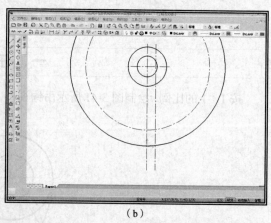
（b）

图3-42　绘制圆和基准线

2. 绘制基准线

（1）设置当前层。将当前图层设置为"中心线层"。

（2）点击绘图工具栏中的"圆"图标 ⊙，将立即菜单设置为"1. 圆心_半径"、"2. 直径"、"3. 无中心线"，系统提示：

圆心点：（捕捉圆心，当屏幕上出现加亮的"○"标记时，单击左键）

输入直径或圆上一点：144↙

（3）点击编辑工具栏中的"拉伸"图标 ⊡，将立即菜单设置为"1. 单个拾取"，系统提示：

拾取曲线：（拾取待拉伸圆竖直中心线下端）

将立即菜单改为"1. 单个拾取"、"2. 轴向拉伸"、"3. 点方式",系统继续提示:

拾伸到:（拉伸到所需位置点,单击左键）

（4）绘制平行线。点击绘图工具栏中的"平行线"图标 ,系统提示:

拾取直线:（用光标拾取竖直中心线）

输入距离或点（切点）:（将光标移动到该线的右方）10↙

在该线右边 10 mm 处,绘制出一条与之平行的线段,如图 3-42（b）所示。

3. 绘制圆

（1）设置当前层。将当前图层设置为"粗实线层"。

（2）点击绘图工具栏中的"圆"图标 ⊙,将立即菜单设置为"1. 圆心_半径"、"2. 直径"、"3. 无中心线",系统提示:

圆心点:（捕捉平行线与点画线圆的交点,当屏幕上出现加亮的"×"标记时,单击左键）

输入直径或圆上一点: 36↙

输入直径或圆上一点: 92↙

绘制出的图形,如图 3-43（a）所示。

4. 绘制 R10 圆弧

点击编辑工具栏中的"过渡"图标 □,将立即菜单设置为"1. 圆角"、"2. 裁剪"、"3. 半径 10",系统提示:

拾取第一条曲线:（拾取 φ180 圆）

拾取第二条曲线:（拾取 φ92 圆）

执行"过渡"命令后的图形,如图 3-43（b）所示。

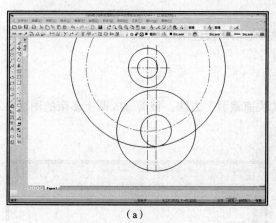
（a）

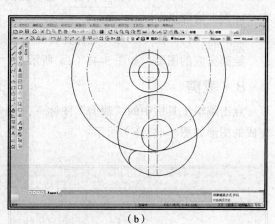
（b）

图 3-43　绘制圆和圆弧

5. 裁剪

点击编辑工具栏中的"裁剪"图标 ≁,用"快速裁剪"方法,裁剪多余的图线,完成的图形如图 3-44（a）所示。

6. 绘制 R48 圆弧

点击编辑工具栏中的"过渡"图标 □,将立即菜单设置为"1. 圆角"、"2. 裁剪始边"、"3. 半径 48",系统提示:

拾取第一条曲线：（拾取 $\phi 92$ 圆）

拾取第二条曲线：（拾取 $\phi 45$ 圆）

执行"过渡"命令后的图形，如图 3-44（b）所示。

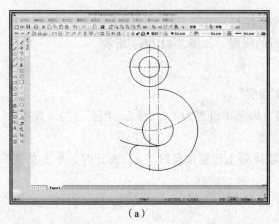 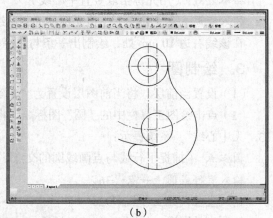

（a） （b）

图 3-44　裁剪和绘制圆弧（一）

7. 绘制 *R* 58 圆弧

点击绘图工具栏中的"圆弧"图标 ，将立即菜单设置为"1. 两点_半径"，系统提示：

第一点（切点）：（按 空格键 ，在弹出的工具点菜单上选择"切点"，光标变成拾取框，在 $\phi 45$ 圆上拾取点）

第二点（切点）：（再按 空格键 ，在弹出的工具点菜单上选择"切点"，光标变成拾取框，在 $\phi 36$ 圆上拾取点）

第三点（切点或半径）：（光标在要画圆弧地方拖动出粉色圆弧）58↙

绘制完成的图形，如图 3-45（a）所示。

8. 裁剪

点击编辑工具栏中的"裁剪"图标 ，用"快速裁剪"方法，裁剪 $\phi 36$ 圆上多余的图线，完成的图形如图 3-45（b）所示。

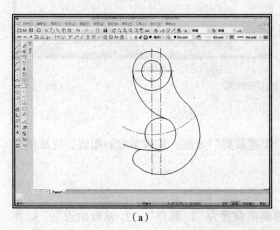 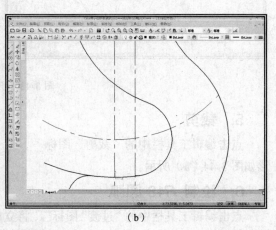

（a） （b）

图 3-45　裁剪和绘制圆弧（二）

9. 整理图形

（1）点击编辑工具栏中的"拉伸"图标，将立即菜单设置为"1.单个拾取"，系统提示：

拾取曲线：（拾取待拉伸 R72 圆弧）

将立即菜单改为"1.单个拾取"、"2.角度拉伸"、"3.绝对"，系统继续提示：

拉伸到：（捕捉圆弧右端点，当屏幕上出现加亮的"□"标记时，光标拖动一条粉色线，拉伸至所需位置点，单击左键）

拾取曲线：（拾取待拉伸 R90 圆弧）

拉伸到：（捕捉圆弧左端点，当屏幕上出现加亮的"□"标记时，光标拖动一条粉色线，拉伸至所需位置点，单击左键）

（2）打断。将一条指定曲线在指定点处打断成两条曲线，以便于其他操作。

曲线被打断后，在屏幕上所显示的与打断前并没有什么两样。但实际上，原来的一条曲线已经变成了两条互不相干的独立的曲线。

点击编辑工具栏中的"打断"图标，系统提示：

拾取曲线：（光标变成拾取框，拾取 R90 圆弧单击左键，圆弧变成红虚线）

拾取打断点：（捕捉 R10 圆弧右端点，如图 3-46（a）所示，当屏幕上出现加亮的"□"标记时，单击左键，R90 圆弧变成两段圆弧）

（3）属性编辑。使用属性选项板编辑对象的属性。点击标注工具栏中的"特性窗口"图标，弹出属性选项板，如图 3-46（b）所示，拾取左段 R90，在属性选项板中，点击层特性值窗口选项箭头，选择"尺寸线层"。此段圆弧由粗实线变成细实线，按 Esc 键结束命令，完成图形的绘制。

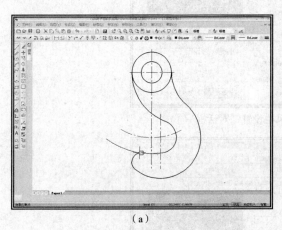

（a）

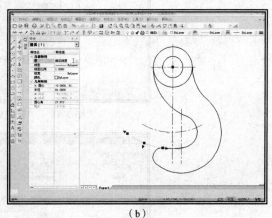

（b）

图 3-46　图形整理

10. 标注尺寸

（1）设置文字参数。点击设置工具栏"文本样式"图标，弹出"文本风格设置"对话框，如图 3-47 所示。在"风格参数"组合框中对标准风格的参数进行修改，将"风格参数"中西文字体改为"国标.shx"，倾斜角修改为 15，先点击 应用(A) 按钮，再点击 确定 按钮，完成文本风格的设置。

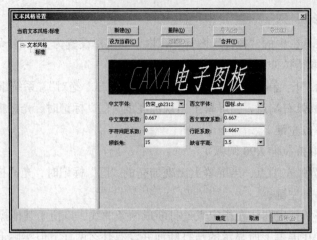

图 3-47　设置文字参数

（2）设置标注参数。点击设置工具栏中的"尺寸样式"图标 ，弹出"标注风格设置"对话框，如图 3-48 所示。点击"单位"选项卡，选择尺寸标注的精度为 0。先点击 应用(A) 按钮，再点击 确定 按钮，完成标注风格的设置，如图 3-49 所示。

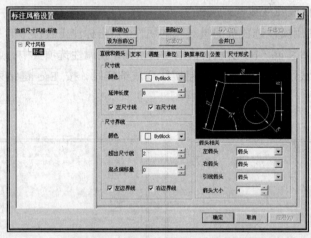

图 3-48　"标注风格设置"对话框

图 3-49　设置标注风格

（3）标注圆及已知圆弧尺寸。点击标注工具栏中的"尺寸标注"图标，选择立即菜单"1. 基本标注"方式，系统提示：

拾取标注元素或点取第一点：（拾取欲标注圆后，弹出立即菜单，见图3-50）

1. 基本标注	▼ 2. 文字平行	▼ 3. 直径	▼ 4. 文字居中	5.前缀 %c	6.尺寸值 45

图3-50　尺寸标注立即菜单

◇ 立即菜单"1."　为标注方式的选项菜单，包括"基本标注"、"基准标注"、"连续标注"、"三点角度"、"角度连续标注"、"半标注"、"大圆弧"、"射线"、"锥度"、"曲率半径"等标注方法，其中常用的是基本标注。在基本标注方式下，按拾取元素的不同类型与不同数目，根据立即菜单的选择，快速生成线性尺寸、直径尺寸、半径尺寸、角度尺寸等基本类型的标注。

◇ 立即菜单"2."　包括"文字平行"、"文字水平"和"ISO选项"选项。

● 文字平行　标注的尺寸数值与尺寸线平行。

● 文字水平　标注的尺寸数值呈水平方向。

● ISO选项　标注的尺寸数值方向按国标要求。

◇ 立即菜单"3."　为拾取圆后的选项菜单，包括标注"直径"、半径"、圆周直径"选项。

◇ 立即菜单"4."　为"文字居中"与"文字拖动"的切换按钮。

● 文字居中　标注的尺寸数值居中放置。

● 文字拖动　标注的尺寸数值由光标拖动放置。

◇ 立即菜单"5. 前缀"　为显示窗口，可通过单击该窗口来修改其中的显示内容。

◇ 立即菜单"6. 尺寸值"　为数据显示窗口，可通过单击该窗口来改变其中的数据。

将立即菜单设置为"1. 基本标注"、"2. 文字水平"、"3. 直径"、"4. 文字拖动"，依次拾取图中的两个圆，标注出直径尺寸。

将立即菜单改为"1. 基本标注"、"2. 文字平行"、"3. 半径"、"4. 文字拖动"，依次拾取图中的各个圆弧，标注出半径尺寸，如图3-51所示。

（4）标注定位尺寸。系统提示：

拾取标注元素或点取第一点：（拾取左侧的竖直中心线）

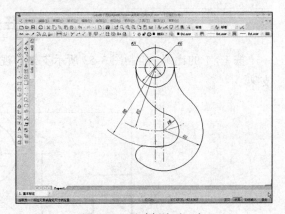

图3-51　尺寸标注（一）

拾取另一个标注元素或点取第二点：（拾取右侧的竖直中心线）

尺寸线位置：（移动光标至合适位置后，单击左键）

注出的尺寸，如图3-52（a）所示。

（5）标注连接弧尺寸。依次拾取图中各个圆弧，标注出半径尺寸，如图3-52（b）所示。

11. 保存文件

（1）检查全图，确认无误后，点击常用工具栏中的"显示全部"图标，使所绘图形充满屏幕。

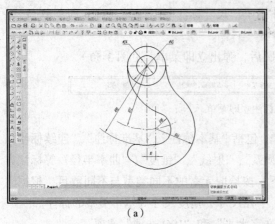 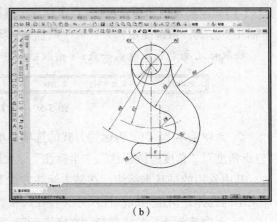

（a） （b）

图 3-52 尺寸标注（二）

（2）点击"保存"图标 🔲，在"另存文件"对话框中的文件名输入框内输入文件名"3-5 吊钩"，点击 保存(S) 按钮存储文件。

任务六

支架的绘制

一、任务要求

按 1：1 的比例，绘制图 3-53 所示支架的视图并标注尺寸。将所绘图形存盘，文件名："3-6 支架。

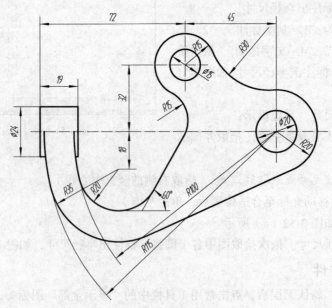

图 3-53 支架图例

二、相关知识

通过本项任务的实施过程，要熟练掌握拉伸、打断命令的使用方法；熟练掌握属性修改的操作方法；熟练掌握尺寸的标注方法；熟练掌握平面图形的绘制方法与技巧。

三、任务实施

1. 绘制已知圆

（1）选择当前层。因为所绘图形为粗实线，故当前层选择"0层"。

（2）绘制圆。点击绘图工具栏中的"圆"图标⊙，将立即菜单设置为"1. 圆心_半径"、"2. 直径"、"3. 有中心线"、"4. 中心线延伸长度3"，系统提示：

圆心点：（当在屏幕上任意拾取一点时，单击左键）

输入直径或圆上一点：30✓

将立即菜单改为"1. 圆心_半径"、"2. 直径"、"3. 无中心线"，系统继续提示：

输入直径或圆上一点：15✓

再次激活绘制圆的命令，将立即菜单改为"1. 圆心_半径"、"2. 直径"、"3. 有中心线"、"4. 中心线延伸长度3"，系统继续提示：

圆心点：@45，-32✓

输入直径或圆上一点：40✓

将立即菜单改为"1. 圆心_半径"、"2. 直径"、"3. 无中心线"，系统继续提示：

输入直径或圆上一点：20✓

输入直径或圆上一点：200✓

输入直径或圆上一点：230✓

画出的圆，如图3-54（a）所示。

2. 绘制矩形

（1）拉伸中心线。点击编辑工具栏中的"拉伸"图标，将立即菜单设置为"1. 单个拾取"，系统提示：

拾取曲线：（拾取水平中心线左端）

立即菜单变为"1. 单个拾取"、"2. 轴向拉伸"、"3. 点方式"，系统继续提示：

拉伸到：（拉伸到合适位置点，单击左键）

（2）绘制矩形轮廓。点击绘图工具栏中的"平行线"图标，将立即菜单设置为"1. 偏移方式"、"2. 单向"，系统提示：

拾取直线：（用光标拾取ϕ40圆的竖直中心线，将光标向左移动，光标拖动一条竖直粉色线）

输入距离或点（切点）：45+72✓

输入距离或点（切点）：45+72-19✓

再次激活绘制平行线命令，将立即菜单改为"1. 偏移方式"、"2. 双向"，系统提示：

拾取直线：（用光标拾取 $\phi40$ 圆的水平中心线，将光标向上移动，光标拖动出两条水平粉色线）

输入距离或点（切点）：12↙

绘制出平行线，如图 3-54（b）所示。

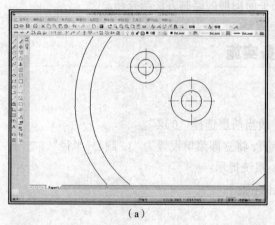 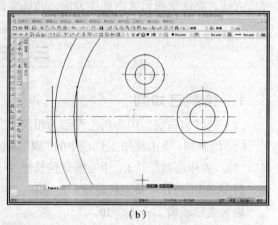

（a）　　　　　　　　　　　　　　　　　（b）

图 3-54　绘制圆和矩形

（3）整理图形。点击编辑工具栏中的"裁剪"图标，用快速裁剪方法，裁剪多余的图线，完成的图形如图 3-55（a）所示。

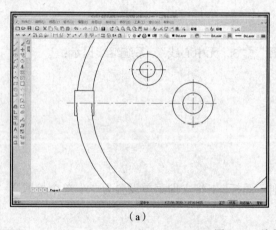 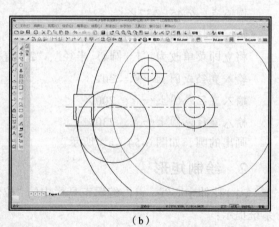

（a）　　　　　　　　　　　　　　　　　（b）

图 3-55　绘制矩形和圆弧

3. 绘制圆

（1）选择当前层。因为所绘图形为细实线，故当前层选择"细实线层"。

（2）点击绘图工具栏中的"平行线"图标，将立即菜单设置为"1. 偏移方式"、"2. 单向"，系统提示：

拾取直线：（用光标拾取圆的水平中心线，将光标向下移动，光标拖动出一条水平粉色线）

输入距离或点（切点）：18↙

绘制出平行线。

（3）点击绘图工具栏中的"圆"图标，将立即菜单设置为"1. 圆心_半径"、"2. 直径"、

"3. 无中心线"，系统提示：

圆心点：（捕捉ϕ40 圆心，当屏幕上出现加亮的"○"标记时，单击左键）

输入直径或圆上一点：160✓

（4）选择当前层。因为所绘图形为粗实线，故当前层选择"0 层"。

（5）点击绘图工具栏中的"圆"图标⊙，将立即菜单设置为"1. 圆心_半径"、"2. 直径"、"3. 无中心线"，系统提示：

输入直径或圆上一点：（捕捉细实线圆与水平细实线交点，当屏幕上出现加亮的"×"标记时，点击左键）40✓

输入直径或圆上一点：70✓

绘制出的图形，如图3-55（b）所示。

4. 绘制直线

（1）点击绘图工具栏中的"直线"图标✓，将立即菜单设置为"1. 两点线"、"2. 单根"，系统提示：

第一点（切点，垂足点）：（按空格键，在弹出的工具点菜单上选择"切点"，光标变成拾取框，在ϕ70 圆上拾取点，单击左键）

第二点（切点，垂足点）：（再按空格键，在弹出的工具点菜单上选择切点，光标变成拾取框，在ϕ40 圆上拾取点，单击左键）

（2）将立即菜单改为"1. 两点线"、"2. X 轴夹角"、"3. 到线上"、"4. 度=60"、"5. 分=0"、"6 度=0"，系统提示：

第一点（切点）：（按空格键，在弹出的工具点菜单上选择"切点"，光标变成拾取框，在ϕ40 圆上拾取点，单击左键）

拾取曲线：（移动光标拖动角度线至适当长度，点击左键）✓

绘制出的直线，如图3-56（a）所示。

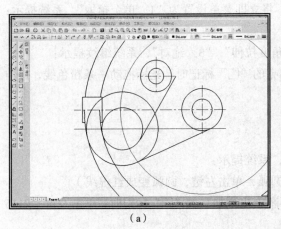 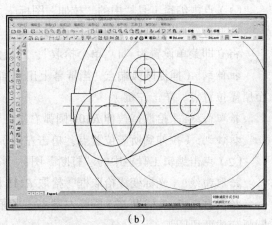

| （a） | （b） |

图 3-56　绘制直线和圆弧

5. 绘制圆弧

点击编辑工具栏中的"过渡"图标▱，将立即菜单设置为"1. 圆角"、"2. 裁剪"、"3. 半径 30"，系统提示：

拾取第一条曲线：（拾取 ϕ30 圆）

拾取第二条曲线：（拾取 ϕ40 圆，绘制出 R30 圆弧）

将立即菜单改为"1. 圆角"、"2. 裁剪始边"、"3. 半径 15"，系统提示：

拾取第一条曲线：（拾取 60°斜线）

拾取第一条曲线：（拾取 ϕ30 圆，绘制出 R15 圆弧）

执行"过渡"命令后的图形，如图 3-56（b）所示。

6. 整理图形

点击编辑工具栏中的"裁剪"图标，用"快速裁剪"方法，裁剪多余的图线，完成的图形如图 3-57（a）所示。

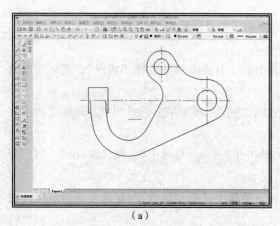
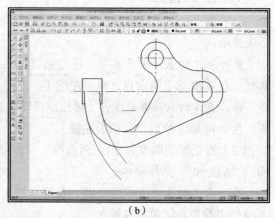

（a）　　　　　　　　　　　　（b）

图 3-57　绘制尺寸线

7. 绘制尺寸线

（1）点击编辑工具栏中的"拉伸"图标，将立即菜单设置为"1. 单个拾取"，系统提示：

拾取曲线：（拾取待拉伸 R115 圆弧右端）

将立即菜单设置为"1. 单个拾取"、"2. 角度拉伸"、"3. 绝对"，系统继续提示：

拉伸到：（捕捉圆弧端点，当屏幕上出现加亮的"□"标记时，光标拖动一条粉色线，拉伸至所需位置点，单击左键）

拾取曲线：（拾取待拉伸 R100 圆弧右端）

拉伸到：（拉伸到所需位置点，单击左键）

（2）点击编辑工具栏中的"打断"图标，系统提示：

拾取曲线：（光标变成拾取框，拾取 R115 圆弧，单击左键，圆弧变成红虚线）

拾取打断点：（捕捉 R35 圆弧左端点，当屏幕上出现加亮的"□"标记时，单击左键，R115 圆弧变成两段圆弧）

重复打断命令，系统继续提示：

拾取曲线：（光标变成拾取框，拾取 R100 圆弧，单击左键，圆弧变成红虚线）

拾取打断点：（捕捉 R20 圆弧左端点，当屏幕上出现加亮的"□"标记时，单击左键，R100 圆弧变成两段圆弧）

（3）属性编辑。选中 $R115$、$R100$ 圆弧下面部分，点击标注工具栏中的"特性窗口"图标，在弹出的属性选项板中，点击层特性值窗口选项箭头，选择"尺寸线层"。所选图线变成细实线，按 Esc 键结束命令。

（4）绘制直线。选择当前层。因为所绘图形为尺寸线，故当前层选择"尺寸线层"。

点击绘图工具栏中的"直线"图标，将立即菜单设置为"1. 两点线"、"2. 单根"，系统提示：

第一点（切点，垂足点）：（按 空格键 ，在弹出的工具点菜单上选择"切点"，光标变成拾取框，在 $\phi40$ 圆上拾取下象限点，单击左键）

第二点（切点，垂足点）：（光标拖出一段直线，单击左键）

8. 标注尺寸

（1）设置文字参数。点击设置工具栏"文本样式"图标，弹出"文本风格设置"对话框，在"风格参数"组合框中对标准风格的参数进行修改。将"风格参数"中西文字体改为"国标.shx"，倾斜角修改为 15，先点击 应用(A) 按钮，再点击 确定 按钮，完成文本风格的设置。

（2）设置标注参数。点击设置工具栏中的"尺寸样式"图标，在弹出的"标注风格设置"对话框中，点击"单位"选项卡，选择尺寸标注的精度为 0。先点击 应用(A) 按钮，再点击 确定 按钮，完成标注风格的设置。

（3）标注圆及圆弧尺寸。点击标注工具栏中的"尺寸标注"图标，选择立即菜单"1. 基本标注"方式，系统提示：

拾取标注元素或点取第一点：（拾取欲标注圆）

将立即菜单设置为"1. 基本标注"、"2. 文字平行"、"3. 直径"、"4. 文字拖动"，依次拾取图中的两个圆，标注出直径尺寸。

拾取标注元素或点取第一点：（拾取欲标注圆弧）

立即菜单变为"1. 基本标注"、"2. 文字平行"、"3. 半径"、"4. 文字拖动"，依次拾取图中的圆弧，标注出半径尺寸，如图 3-58（a）所示。

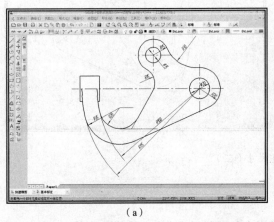
（a）

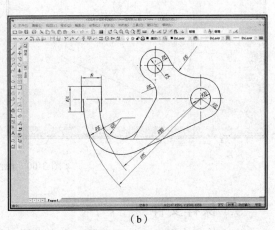
（b）

图 3-58　标注尺寸（一）

（4）标注矩形尺寸。系统继续提示：

拾取标注元素或点取第一点：（拾取矩形的上边框）

立即菜单变为如图 3-59 所示。

| 1. 基本标注 ▾ | 2. 文字平行 ▾ | 3. 标注长度 ▾ | 4. 长度 ▾ | 5. 正交 ▾ | 6. 文字居中 ▾ | 7. 前缀 | 8. 基本尺寸 19 |

图 3-59　基本标注立即菜单

拾取另一标注元素或指定尺寸线的位置：（移动光标至合适位置，单击左键，标出尺寸 19）

拾取标注元素或点取第一点：（拾取矩形的左边框）

将图 3-59 中的立即菜单改为"4. 直径"，系统继续提示：

拾取另一标注元素或指定尺寸线的位置：（移动光标至合适位置，点击左键，标出尺寸 $\phi24$）

如图 3-58（b）所示。

（5）标注连续尺寸。将立即菜单改为"1. 连续标注"，系统提示：

拾取线性尺寸或第一引出点：（捕捉拾取矩形左上角点）

拾取第二引出点：（捕捉拾取 $\phi30$ 圆竖直中心线上边端点）

尺寸线位置：（移动光标至合适位置后，单击左键，注出尺寸 72）

拾取第二引出点：（拾取最右方的竖直点画线的端点，注出尺寸 45）

拾取第二引出点：（按 Esc 键结束）

重复上述操作，标出尺寸 32、18，如图 3-60（a）所示。

（6）标注角度尺寸。将立即菜单改为"1. 三点角度"。系统提示：

拾取标注元素或点取第一点：（拾取 60° 斜线）

拾取另一标注元素或指定尺寸线的位置：（拾取 60° 斜线下方的水平细实线）

尺寸线位置：（移动光标至合适位置后，单击左键，注出角度尺寸，见图 3-60（b））

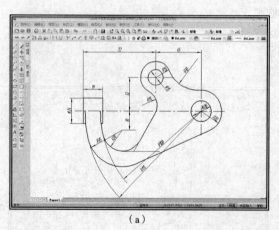
（a）

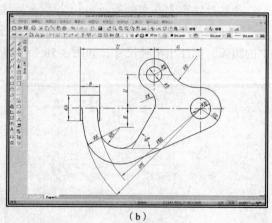
（b）

图 3-60　标注尺寸（二）

9. 保存文件

（1）检查全图，确认无误后，点击常用工具栏中的"显示全部"图标 🔍，使所绘图形充满屏幕。

（2）点击"保存"图标 💾，在"另存文件"对话框中的文件名输入框内输入文件名"3-6支架"，点击 保存(S) 按钮存储文件。

<h1>任务七</h1>

<h2>花格的绘制</h2>

<h2>一、任务要求</h2>

按 1∶1 的比例，绘制图 3-61 所示花格图形，标注尺寸。将所绘图形存盘，文件名："3-7 花格"。

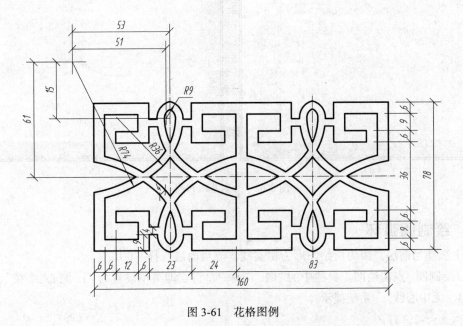

图 3-61　花格图例

<h2>二、相关知识</h2>

通过本项任务的实施过程，熟练掌握等距线命令的使用方法；熟练掌握镜像命令的使用方法；熟练掌握建筑图尺寸标注的方法；熟练掌握建筑平面图形的绘制方法与技巧。

<h2>三、任务实施</h2>

<h3>1.　绘制基线</h3>

（1）选择当前层。因为所绘图形是点画线，故当前层选择"中心线层"。

（2）点取绘图工具栏中的"直线"图标 ，将立即菜单设置为"1. 两点线"、"2. 单根"，把捕捉方式由"智能"方式切换为"导航"方式，系统提示：

第一点（切点，垂足点）：（捕捉坐标原点，当屏幕上出现加亮的"○"标记时，沿水平方向向左移动光标，在屏幕上出现虚线时，确定基线的左端点，单击左键）

第二点（切点，垂足点）：（向右移动光标，确定基线的右端点，单击左键）

点击右键或按↙，再次激活绘制直线命令。

第一点（切点，垂足点）：（捕捉坐标原点，当屏幕上出现加亮的"○"标记时，沿竖直方向向上移动光标，在屏幕上出现虚线时，确定基线的上端点，单击左键）

第二点（切点，垂足点）：（向下移动光标，确定基线的另一端点，单击左键。将捕捉方式切换为"自由"方式）

绘制完成的基线如图 3-62（a）所示。

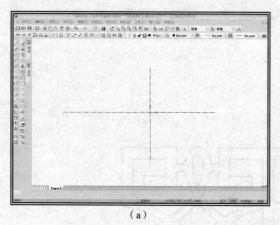
（a）

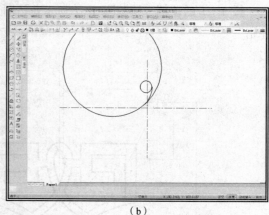
（b）

图 3-62　绘制基线和圆

2. 绘制圆弧环

（1）选择当前层。因为所绘图形为粗实线，故当前层选择"0 层"。

（2）绘制圆。点击绘图工具栏中的"圆"图标⊙，将立即菜单设置为"1. 圆心_半径"、"2. 直径"、"3. 无中心线"，系统提示：

圆心点：-2, 31↙

输入直径或圆上一点：18↙

点击右键或按↙，再次激活绘制圆的命令，系统提示：

圆心点：-53, 61↙

输入直径或圆上一点：148↙

（3）绘制圆弧。点击绘图工具栏中的"圆弧"图标⌒，将立即菜单设置为"1. 两点_半径"方式，系统提示：

第一点（切点）：（按空格键，在弹出的工具点菜单上选择"切点"，光标变成拾取框，在大圆下方拾取圆弧起点）

第二点（切点）：（按空格键，在弹出的工具点菜单上选择"切点"，光标变成拾取框，在小圆下方拾取圆弧终点）

第三点（切点或半径）：36↙

绘制完成的图形，如图 3-62（b）所示。

（4）整理图形。点击编辑工具栏中的"裁剪"图标 ，选择"快速裁剪"方式，系统提示：

拾取要裁剪的曲线：（逐一点击欲裁剪大圆和小圆上的多余线）

裁剪后的图形，如图 3-63（a）所示。

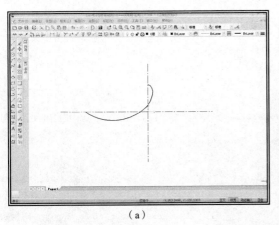
（a）

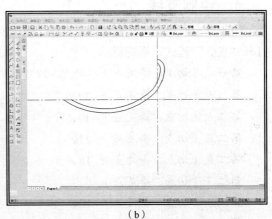
（b）

图 3-63 绘制圆弧等距线

3. 绘制等距线

点击绘图工具栏中的"等距线"图标 ，弹出的立即菜单，如图 3-64 所示。

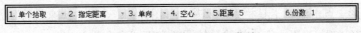

图 3-64 绘制等距线立即菜单

◇ 立即菜单"1." 为"单个拾取"和"链拾取"两种方式的切换窗口。

● 单个拾取 只拾取一个元素。

● 链拾取 拾取首尾相连的元素。

◇ 立即菜单"2." 为"指定距离"和"过点方式"两种方式的切换窗口。

● 指定距离 按给定距离的数值来确定等距线的位置。

● 过点方式 是指过已知点绘制等距线。

◇ 立即菜单"3."为"单向"和"双向"两种方式的切换窗口。

● 单向 是指只在一侧绘制等距线

● 双向 是指在直线两侧均绘制等距线

◇ 立即菜单"4." 为"空心"和"实心"两种方式的切换窗口。

● 空心 只画等距线不进行填充。

● 实心 是指原曲线与等距线之间进行填充。

◇ 立即菜单"5. 距离" 为数据显示窗口。用来显示等距线与原直线的距离，可通过单击该窗口来改变其中的数据。

◇ 立即菜单"6. 份数" 为数据显示窗口。用来显示所需等距线的份数，可通过单击该窗口来改变其中的数据。

将立即菜单设置为"1. 链拾取"、"2. 指定距离"、"3. 单向"、"4. 空心"方式，距离设置为"4"，份数设置为"1"，系统提示：

拾取首尾相连的曲线：（拾取 *R*9 圆弧，屏幕上出现选取方向箭头）

请拾取所需的方向：（拾取左方箭头）

执行"等距线"命令后的图形，如图 3-63（b）所示。

4. 绘制直线

（1）点击取绘图工具栏中的"直线"图标 ，将立即菜单设置为"1. 两点线"、"2. 连续"，打开"正交"模式，系统提示：

第一点（切点，垂足点）：-41.5，0✓

第二点（切点，垂足点）：39✓

第二点（切点，垂足点）：30✓

第二点（切点，垂足点）：21✓

第二点（切点，垂足点）：18✓

第二点（切点，垂足点）：6✓

第二点（切点，垂足点）：12✓

第二点（切点，垂足点）：9✓

第二点（切点，垂足点）：18✓

第二点（切点，垂足点）：33✓

第二点（切点，垂足点）：（捕捉垂足点，当屏幕上出现加亮"⊥"标记时，单击左键）

绘制完成的直线，如图 3-65（a）所示。

（2）整理图形。点击编辑工具栏中的"裁剪"图标 ，选择"快速裁剪"方式，系统提示：

拾取要裁剪的曲线：（逐一点击欲裁剪掉圆弧和直线多余线）

裁剪后完成的图形，如图 3-65（b）所示。

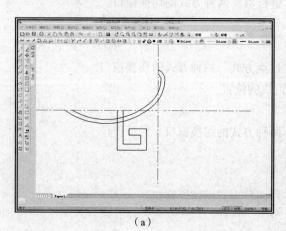 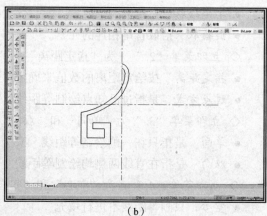

（a）　　　　　　　　　　　　　　　　（b）

图 3-65　绘制直线（一）

（3）绘制平行线。点击绘图工具栏中的"平行线"图标 ，系统提示：

拾取直线：（用光标拾取水平基线，将光标向下移动，光标拖动一条水平粉色线）

输入距离或点（切点）：26✓

输入距离或点（切点）：30✓

绘制出两条平行的线段，如图 6-66（a）所示。

（4）整理图形。点击编辑工具栏中的"裁剪"图标━，选择"快速裁剪"方式，系统提示：

拾取要裁剪的曲线：（逐一点击欲裁剪掉平行线多余线）

裁剪后完成的图形，如图3-66（b）所示。

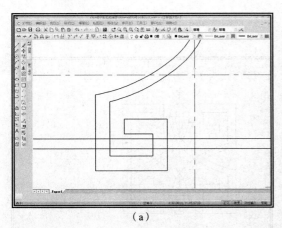
（a）

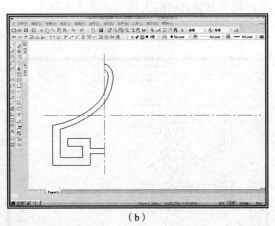
（b）

图3-66 绘制直线（二）

5. 镜像

点击编辑工具栏中的"镜像"图标▲，将立即菜单设置为"1. 选择轴线"、"2. 拷贝"，系统提示：

拾取元素：（采用窗口拾取方式拾取镜像实体后，点击右键确认）

拾取轴线：（拾取水平基线，单击左键）

镜像后的图形，如图3-67（a）所示。点击右键或按↙，再次激活镜像命令，系统提示：

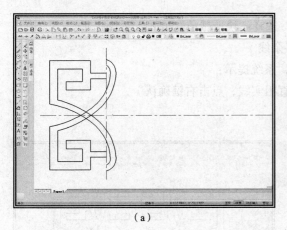
（a）

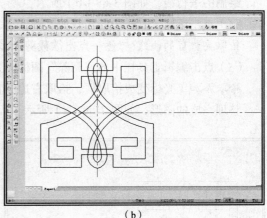
（b）

图3-67 镜像操作

拾取元素：（采用窗口拾取方式拾取镜像实体后，点击右键确认）

拾取轴线：（拾取竖直基线，单击左键）

镜像后的图形，如图3-67（b）所示。

6. 整理图形

（1）点击编辑工具栏中的"拉伸"图标，将立即菜单设置为"1. 单个拾取"，系统提示：

拾取曲线：（拾取待拉伸竖直直线）

立即菜单变为"1. 单个拾取"、"2. 轴向拉伸"、"3. 点方式"，系统继续提示：

拉伸到：（捕捉竖直线下端点，当屏幕上出现加亮的"□"标记时，光标拖动一条粉色线，拉伸到下方竖直线的上端点，单击左键）

拉伸后的图形，如图 3-68（a）所示。

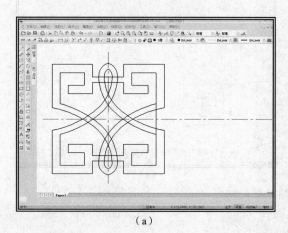

（a）

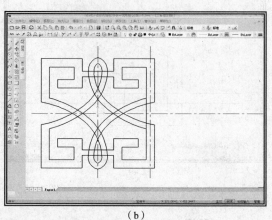

（b）

图 3-68　整理图形

（2）选择当前层。因为所绘制的图形为点画线，故当前层选择"中心线层"。

（3）点击绘图工具栏中的"平行线"图标，系统提示：

拾取直线：（用光标拾取竖直基线，将光标向右移动，光标拖动一条竖直粉色线）

输入距离或点（切点）：38.5↙

绘制的平行线，如图 3-68（b）所示。

（4）点击编辑工具栏中的"裁剪"图标，选择"快速裁剪"方式，系统提示：

拾取要裁剪的曲线：（逐一点击欲裁剪掉多余线）

（5）点击编辑工具栏中的"删除"图标，系统提示：

拾取添加（光标变成拾取框，拾取右边竖直粗实线，点击右键确认）

整理完成的图形，如图 3-69（a）所示。

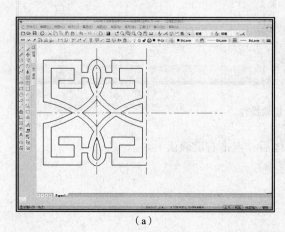

（a）

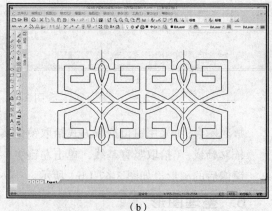

（b）

图 3-69　窗格图形

7. 镜像

（1）点击编辑工具栏中的"镜像"图标 ，将立即菜单设置为"1. 选择轴线"、"2. 拷贝"，系统提示：

拾取元素：（采用窗口拾取方式拾取镜像实体后，点击右键确认）

拾取轴线：（拾取右边竖直点画线，单击左键）

（2）整理图形。点击编辑工具栏中的"删除"图标 ，系统提示：

拾取添加（光标变成拾取框，拾取右边点画线，点击右键确认）

完成的图形，如图 3-69（b）所示。

8. 绘制点画线

（1）点击绘图工具栏中的"平行线"图标 ，系统提示：

拾取直线：（用光标拾取竖直基线，将光标向右移动，光标拖动一条竖直粉色线）

输入距离或点（切点）：53↙

点击右键或按↙，再次激活绘制平行线命令，系统提示：

拾取直线：（用光标拾取水平基线，将光标向上移动，光标拖动一条竖直粉色线）

输入距离或点（切点）：61↙

绘制出两条相交的点画线。

（2）点击编辑工具栏中的"拉伸"图标 ，将立即菜单设置为"1. 单个拾取"，系统提示：

拾取曲线：（拾取水平点画线）

立即菜单变为"1. 单个拾取"、"2. 轴向拉伸"、"3. 点方式"，系统继续提示：

拉伸到：（捕捉水平点画线左端点，当屏幕上出现加亮的"□"标记时，向右拖动光标，到合适位置点，单击左键；捕捉水平点画线右端点，当屏幕上出现加亮的"□"标记时，向左拖动光标到合适位置点，单击左键）

拾取曲线：（拾取竖直点画线）

拉伸到：（捕捉竖直点画线上端点，当屏幕上出现加亮的"□"标记时，向下拖动光标，到合适位置点，单击左键；捕捉竖直点画线下端点，当屏幕上出现加亮的"□"标记时，向上拖动光标到合适位置点，单击左键）

绘制出 $R74$ 圆弧的圆心定位线，如图 3-71（a）左上方所示。

9. 标注尺寸

（1）设置文字参数。点击设置工具栏"文本样式"图标 ，弹出"文本风格设置"对话框，在"风格参数"组合框中对标准风格的参数进行修改。将"风格参数"中西文字体改为"国标.shx"，倾斜角修改为 15，先点击 应用(A) 按钮，再点击 确定 按钮，完成文本风格的设置（与图 3-47 相同）。

（2）设置标准风格标注参数。点击设置工具栏中的"尺寸样式"图标 ，弹出"标注风格设置"对话框，点击"单位"选项卡，选择尺寸标注的精度为 0。先点击 应用(A) 按钮，再点击 确定 按钮，完成标注风格设置（与图 3-49 相同）。

（3）新建"建筑"标注风格。在"标注风格设置"对话框中点击 新建(N) 按钮，在弹出提示框中点击 是(Y) 按钮，弹出"新建风格"对话框，在编辑框中输入新创建的"建筑"标注风格名，基准风格为标准风格，点击 下一步 按钮，在"标注风格设置"对话框中点击"直线和箭头"

选项卡，选择箭头为斜线，起点偏移量为 2。先点击 [应用(A)] 按钮，再点击 [确定] 按钮，完成建筑标注风格设置，如图 3-70 所示。

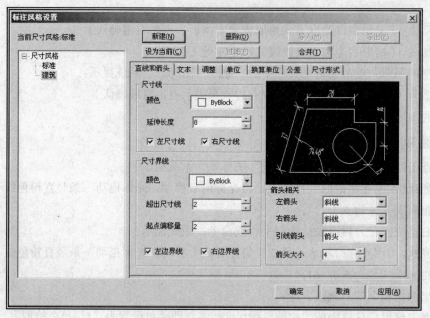

图 3-70 设置"建筑"标注风格

（4）标注圆弧尺寸。将尺寸标注风格设置为标准风格。

点击标注工具栏中的"尺寸标注"图标，选择立即菜单为"1. 基本标注"方式，系统提示：

拾取标注元素或点取第一点：（拾取欲标注圆弧）

立即菜单变为"1. 基本标注"、"2. 文字平行"、"3. 半径"、"4. 文字拖动"，依次拾取图中的 $R74$、$R36$、$R9$ 圆弧，标注出半径尺寸，如图 3-71（a）所示。

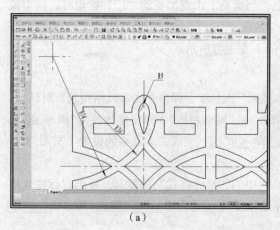

（a）

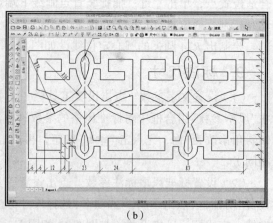

（b）

图 3-71 标注尺寸（一）

（5）标注连续尺寸。将尺寸标注风格设置改为"建筑"风格。将立即菜单改为"1. 连续标注"，系统提示：

拾取线性尺寸或第一引出点：（捕捉拾取图形左下角点）

拾取第二引出点：（捕捉左边第二条竖直线下面端点）

尺寸线位置：（移动光标至合适位置后，单击左键，注出尺寸6）

拾取第二引出点：（从左向右依次捕捉点，标注出尺寸6、9、6、23、24、80）

拾取第二引出点：（按 Esc 键结束）

重复上述操作，标出图形右边的连续尺寸6、9、6、78、6、9、6和连续尺寸9、4，标注结果如图3-71（b）所示。

（6）标注4、160和78尺寸。点击右键或按↙，再次激活尺寸标注命令。选择立即菜单为"1. 基本标注"方式，系统提示：

拾取标注元素或点取第一点：（拾取圆弧上的点）

拾取另一标注元素或指定尺寸线的位置：（拾取圆弧上的点，移动光标至合适位置，单击左键，标出尺寸4）

拾取标注元素或点取第一点：（拾取图形左下角端点）

拾取另一标注元素或指定尺寸线的位置：（拾取图形右下角端点，移动光标至合适位置，单击左键，标出尺寸160）

拾取标注元素或点取第一点：（拾取图形右下角端点）

拾取另一标注元素或指定尺寸线的位置：（拾取图形右上角端点，移动光标至合适位置，单击左键，标出尺寸78）

标注结果如图3-72（a）所示。

（7）标注尺寸51、53、30和61。将尺寸标注风格改为"建筑"风格。将立即菜单设置为"1. 基线"，"尺寸偏移"为10，系统提示：

拾取标注元素或点取第一点：（捕捉R78圆心，当屏幕上出现加亮的"○"标记时，单击左键）

拾取第二引出点：（捕捉R18圆心，当屏幕上出现加亮的"○"标记时，单击左键）

尺寸线位置：（移动光标至合适位置，单击左键，标出尺寸51）

拾取第二引出点：（捕捉左边竖直基线上端点，当屏幕上出现加亮的"□"标记时，单击左键，标出尺寸53）

重复上述操作，标注出尺寸30、61，如图3-72（b）所示。

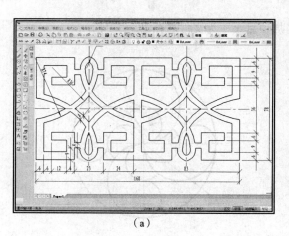
（a）

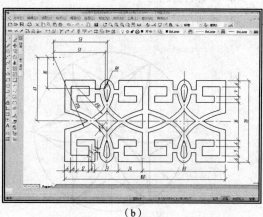
（b）

图3-72　标注尺寸（二）

10. 保存文件

（1）检查全图，确认无误后，点击常用工具栏中的"显示全部"图标 🔍，使所绘图形充满屏幕。

（2）点击"保存"图标 🖫，在"另存文件"对话框中的文件名输入框内输入文件名"3-7窗格"，点击 保存(S) 按钮存储文件。

 能力训练（三）

训练项目（1）

① 按 1：1 比例，绘制图 3-73 所示图形。

② 不标注尺寸。

③ 将所绘图形满屏显示，以"学号加姓名加项目×"为文件名存盘。

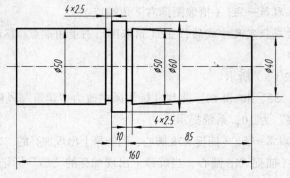

图 3-73　训练项目（1）

训练项目（2）

① 按 1：5 比例，绘制图 3-74 所示图形。

② 不标注尺寸。

③ 将所绘图形满屏显示，以"学号加姓名加项目×"为文件名存盘。

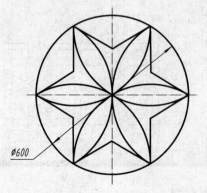

图 3-74　训练项目（2）

训练项目（3）

① 按 1∶1 比例，绘制图 3-75 所示图形。

② 不标注尺寸。

③ 将所绘图形满屏显示，以"学号加姓名加项目×"为文件名存盘。

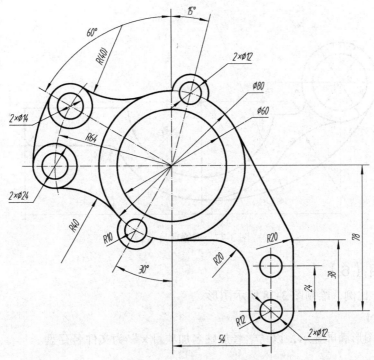

图 3-75　训练项目（3）

训练项目（4）

① 按 2∶1 比例，绘制图 3-76 所示图形。

② 标注尺寸。

③ 将所绘图形满屏显示，以"学号加姓名加项目×"为文件名存盘。

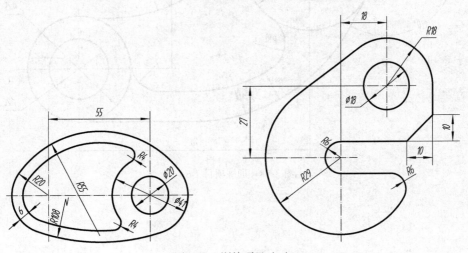

图 3-76　训练项目（4）

训练项目（5）

① 按 1 : 1 比例，绘制图 3-77 所示图形。

② 标注尺寸。

③ 将所绘图形满屏显示，以"学号加姓名加项目×"为文件名存盘。

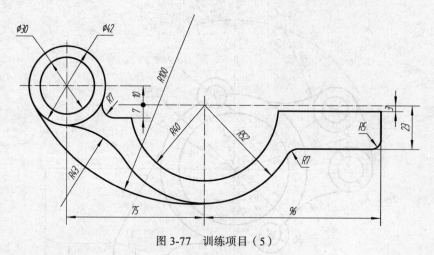

图 3-77　训练项目（5）

训练项目（6）

① 按 1 : 1 比例，绘制图 3-78 所示图形。

② 标注尺寸。

③ 将所绘图形满屏显示，以"学号加姓名加项目×"为文件名存盘。

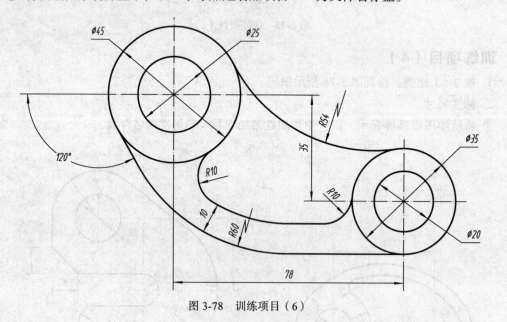

图 3-78　训练项目（6）

项目四

视图的绘制

【能力目标】

1. 掌握系统"导航"和"三视图导航"功能的使用方法，熟练应用导航功能绘制三视图。
2. 掌握"剖面线"命令，并能应用相应命令熟练绘制剖视图。
3. 熟练绘制剖面图。
4. 具有绘制视图的技能。

任务一

三视图的绘制

一、任务要求

按 1：1 的比例，抄画图 4-1 所示的主、俯视图并补画左视图，不标注尺寸，将所绘图形存

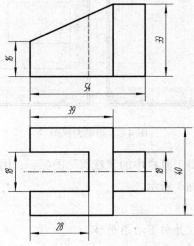

图 4-1　已知主、俯视图，补画左视图

盘，文件名："4-1 三视图"。

二、相关知识

通过本项任务的实施过程，熟悉并掌握"导航"和"三视图导航"功能的使用方法，保证绘制的基本视图之间符合"长对正、高平齐、宽相等"的三等关系；进一步熟练掌握"孔/轴"命令的操作方法。

三、任务实施

1. 绘制俯视图

（1）选择当前层。因为所绘图形为粗实线，故当前层选择"粗实线层"。

（2）绘制轮廓。点击绘图工具Ⅱ工具栏中的"孔/轴"图标，将立即菜单设置为"1. 轴"、"2. 起始直径 18"、"3. 终止直径 18"、"4. 有中心线"、"5. 中心线延伸长度 3"（延伸长度为默认值），系统提示：

插入点：（用光标在屏幕上适当位置指定一点，作为俯视图的定位点）

轴上一点或轴的长度：（向左移动光标）54-39↙

绘制出的图形，如图 4-2（a）所示。系统继续提示：

轴上一点或轴的长度：（修改轴的起始直径为 40，向右移动光标，终止直径自动修改为 40，向左移动光标）39↙

轴上一点或轴的长度：（修改轴的起始直径为 18，向右移动光标，终止直径自动修改为 18，向右移动光标）28↙

绘制出的图形，如图 4-2（b）所示。

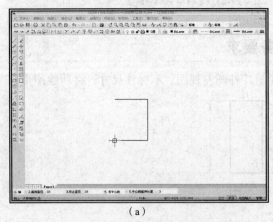
（a）

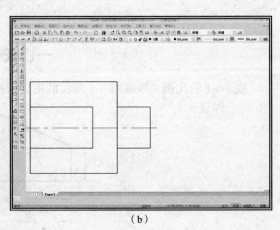
（b）

图 4-2 绘制俯视图

（3）删除多余线。点击编辑工具栏中的"裁剪"图标，用"快速裁剪"方法，裁剪多余的图线，完成的图形如图 4-3（a）所示。

提示　将图形动态缩小，并向下动态平移。

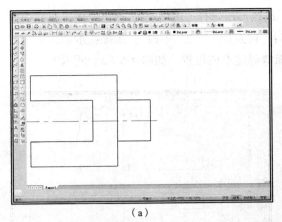
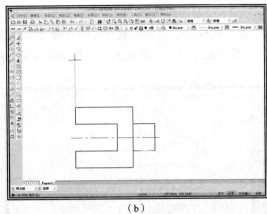

（a）　　　　　　　　　　　　　　（b）

图 4-3　绘制俯视图和主视图

2. 绘制主视图

（1）绘制主视图轮廓。将状态栏最右侧的点捕捉方式设置为"导航"。点击绘图工具栏中的"直线"图标 ，设置绘制直线的立即菜单为"1. 两点线"、"2. 连续"，系统提示：

第一点（切点，垂足点）：（移动光标用导航线确定点的位置，如图 4-3（b）所示）

第二点（切点，垂足点）：（向下移动光标）16↙

第二点（切点，垂足点）：（向右移动光标）39↙

第二点（切点，垂足点）：（向上移动光标）33↙

第二点（切点，垂足点）：（拾取第一点，当屏幕上出现加亮"□"，单击左键）

绘制的图形如图 4-4（a）所示。点击右键或按↙，再次激活绘制直线命令。设置绘制直线的立即菜单"1. 两点线"、"2. 连续"，系统提示：

第一点（切点，垂足点）：（捕捉主视图梯形框右下角端点，当屏幕上出现加亮"□"，单击左键）

第二点（切点，垂足点）：（向右移动光标）54-39↙

第二点（切点，垂足点）：（向上移动光标）33↙

第二点（切点，垂足点）：（捕捉主视图梯形框右上角端点，当屏幕上出现加亮"□"，单击左键）

绘制的图形如图 4-4（b）所示。

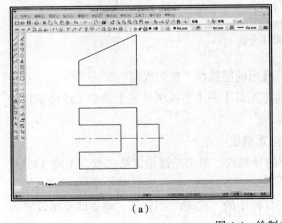
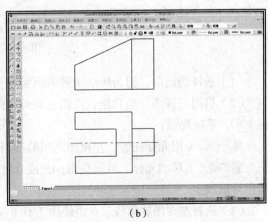

（a）　　　　　　　　　　　　　　（b）

图 4-4　绘制主视图（一）

（2）绘制内部轮廓。因为所绘图形为虚线，故当前层选择"虚线层"。点击绘图工具栏中的"直线"图标 ，设置绘制直线的立即菜单为"1. 两点线"、"2. 单根"，系统提示：

第一点（切点，垂足点）：（移动光标用导航线确定点的位置，如图4-5（a）所示）

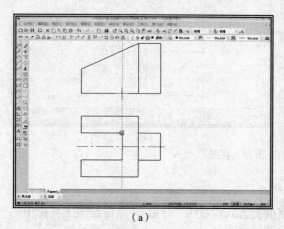 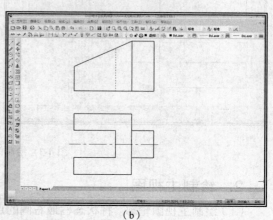

（a）　　　　　　　　　　　　　　　　（b）

图4-5　绘制主视图（二）

第二点（切点，垂足点）：（向上移动光标到斜线，单击左键）

绘制的图形如图4-5（b）所示。

3. 绘制左视图

形体分析　由已知的主、俯视图可知，该形体由两个四棱柱叠加组合而成，其原始形如图4-6（a）所示。用一个正垂面，将左边四棱柱切去一个角，如图4-6（b）所示。再在左边上下方向切出通槽，如图4-6（c）所示。

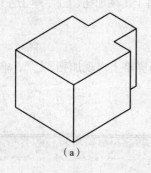 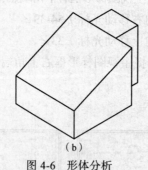 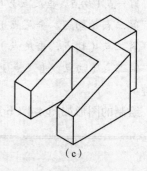

（a）　　　　　　　　　　（b）　　　　　　　　　　（c）

图4-6　形体分析

（1）选择当前层。因为所绘图形为粗实线，故当前层选择"粗实线层"。

（2）启用三视图导航功能。点击主菜单中的【工具】→【三视图导航】命令（或按下功能键 F7 ），系统提示：

第一点：（用光标在俯、左视图之间的适当位置确定一点）

第二点：（移动光标，可拖曳出-45°或135°的导航线，单击左键指定第二点，生成135°的黄色导航线）

（3）绘制左视图轮廓线。点击绘图工具Ⅱ工具栏中的"孔/轴"图标 ，将立即菜单设置为"1. 轴"、"2. 起始直径40"、"3. 终止直径40"、"4. 有中心线"、"5. 中心线延伸长度3"（延伸长度为默认值），系统提示：

插入点：（移动光标，当十字光标与主视图的上边之间呈现出相连虚线，且与俯视图的对称面出现以导航线为转折点的虚线时，确定左视图的定位点，如图4-7（a）所示）

轴上一点或轴的长度：（向下移动光标）33✓

绘制出的图形，如图4-7（b）所示。系统继续提示：

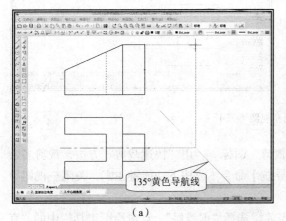
（a）

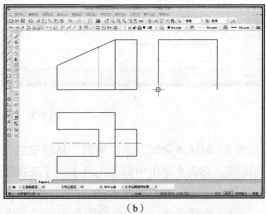
（b）

图4-7　绘制左视图（一）

轴上一点或轴的长度：（修改轴的起始直径为18，向右移动光标，终止直径自动修改为18，向上移动光标，用导航线确定点的位置，如图4-8（a）所示）

绘制出的图形，如图4-8（b）所示。

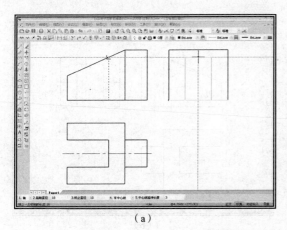
（a）

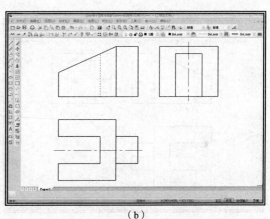
（b）

图4-8　绘制左视图（二）

（4）绘制直线。点击绘图工具栏中的"直线"图标 ，设置绘制直线的立即菜单为"1. 两点线"、"2. 单根"，系统提示：

第一点（切点，垂足点）：（移动光标用导航线确定点的位置，如图4-9（a）所示）

第二点（切点，垂足点）：（向右移动光标，单击左键）

绘制出的图形，如图4-9（b）所示。

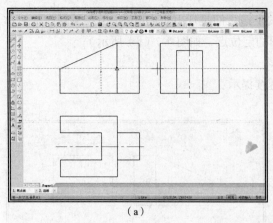
（a）

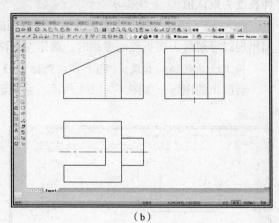
（b）

图 4-9　绘制左视图（三）

（5）删除多余线。点击编辑工具栏中的"裁剪"图标 ，用"快速裁剪"方法，裁剪多余的图线。点击主菜单中的【工具】→【三视图导航】命令（或按下功能键 F7 ），关闭三视图导航功能。完成的图形如图 4-10（a）所示。

（6）绘制虚线。因为所绘图形为虚线，故当前层选择"虚线层"。点击绘图工具栏中的"直线"图标 ，将绘制直线的立即菜单设置为"1. 两点线"、"2. 单根"，系统提示：

第一点（切点，垂足点）：（捕捉左视图内部矩形框左上角端点，当屏幕上出现加亮"□"，单击左键）

第二点（切点，垂足点）：（向上移动光标，单击左键）

完成左边虚线的绘制。采用同样操作，完成右边虚线的绘制，如图 4-10（b）所示。

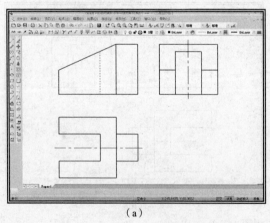
（a）

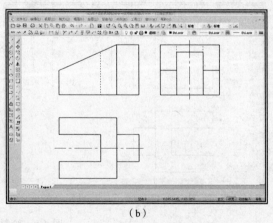
（b）

图 4-10　绘制左视图（四）

4．保存文件

（1）检查全图，确认无误后，点击常用工具栏中的"显示全部"图标 ，使所绘图形充满屏幕。

（2）点击"保存"图标 ，在"另存文件"对话框中的文件名输入框内输入文件名"4-1三视图"，点击 保存(S) 按钮存储文件。

任务二
剖视图的绘制

一、任务要求

按 1∶1 的比例，抄画图 4-11 所示的主、俯视图并补画出全剖的左视图，不标注尺寸，将所绘图形存盘，文件名："4-2 剖视图"。

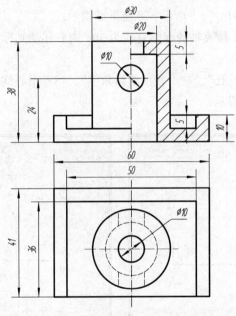

图 4-11　已知主、俯视图，补画全剖左视图

二、相关知识

通过本项任务的实施过程，掌握剖视图的绘制方法；进一部熟练掌握导航功能的使用方法；熟练掌握"孔/轴"命令的操作方法；掌握"剖面线"命令的操作方法。

三、任务实施

1. 形体分析

如图 4-12 所示，该物体为综合型组合体，由底板和圆筒两部分叠加组成。底板的形状是上方开凹槽（前面无挡边）的四棱柱。在圆筒内沿圆柱轴线切割出阶梯通孔，沿圆筒的前后方向垂直贯穿一个直径为 ϕ10 的圆孔。

2. 绘制主视图

（1）选择当前层。因为所绘图形为粗实线，故当前层选择"0层"。

（2）绘制轮廓。点击绘图工具Ⅱ工具栏中的"孔/轴"图标，将立即菜单设置为"1. 轴"、"2. 直接给出角度"、"3. 中心线角度90"，系统提示：

插入点：（捕捉坐标原点，当屏幕上出现加亮的"○"标记时，单击左键）

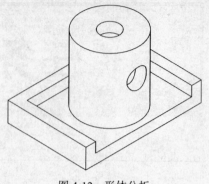

图 4-12 形体分析

将立即菜单设置为"1. 轴"、"2. 起始直径60"、"3. 终止直径60"、"4. 有中心线"、"5. 中心线延伸长度3"（延伸长度为默认值），系统提示：

轴上一点或轴的长度：（向上移动光标）10↙

绘制出的图形，如图 4-13（a）所示。系统继续提示：

轴上一点或轴的长度：（修改轴的起始直径为30，向右移动光标，终止直径自动修改为30，向上移动光标）38-10↙

将立即菜单设置为"1. 孔"、"2. 直接给出角度"、"3. 中心线角度90"，绘制出的图形，如图 4-13（b）所示，系统提示：

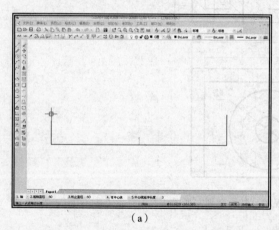

（a）

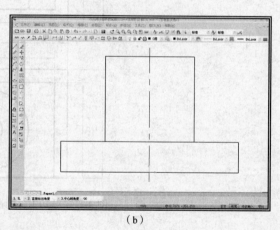

（b）

图 4-13 绘制主视图（一）

插入点：（捕捉上边框的中点，当屏幕上出现加亮的"△"标记时，单击左键）

孔上一点或孔的长度：（修改孔的起始直径为10，向右移动光标，终止直径自动修改为10，将立即菜单设置为"4. 无中心线"，向下移动光标）5↙

绘制出的图形，如图 4-14（a）所示，系统继续提示：

孔上一点或孔的长度：（修改孔的起始直径为20，向右移动光标，终止直径自动修改为20，向下移动光标）38-5↙

孔上一点或孔的长度：（修改孔的起始直径为50，向右移动光标，终止直径自动修改为50，向上移动光标）10↙

绘制出的图形，如图 4-14（b）所示。

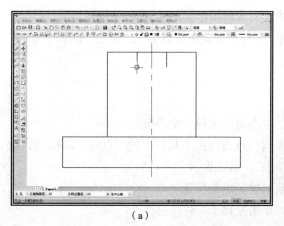 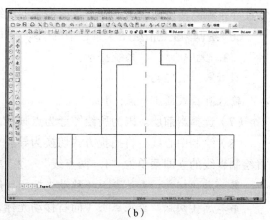

（a）　　　　　　　　　　　　　　　　（b）

图 4-14　绘制主视图（二）

（3）绘制平行线。点击绘图工具栏中的"平行线"图标 ，系统提示：

拾取直线：（用光标拾取底边框线，将光标向上移动，光标拖动一条水平粉色线）

输入距离或点（切点）：5✓

绘制出的平行线段，如图 4-15（a）所示。

（4）拉伸图线。点击编辑工具栏中的"拉伸"图标 ，将立即菜单设置为"1. 单个拾取"，系统提示：

拾取曲线：（拾取待拉伸阶梯孔台阶处的直线）

立即菜单变为"1. 单个拾取"、"2. 轴向拉伸"、"3. 点方式"，系统继续提示：

拉伸到：（捕捉阶梯孔台阶处的直线左端点，当屏幕上出现加亮的"□"标记时，光标拖动一条粉色线，拉伸至适宜位置，单击左键）

系统继续提示：

拾取曲线：（拾取待拉伸圆柱的轮廓线）

立即菜单变为"1. 单个拾取"、"2. 轴向拉伸"、"3. 点方式"，系统继续提示：

拉伸到：（捕捉圆柱左侧轮廓线下面端点，当屏幕上出现加亮的"□"标记时，光标拖动一条粉色线，拉伸至适宜位置，单击左键）

重复上述操作，完成圆柱的右侧轮廓线拉伸，绘制出的图形如图 4-15（b）所示。

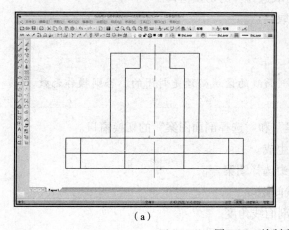 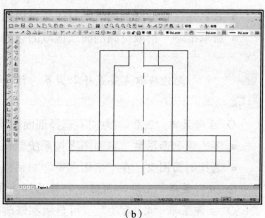

（a）　　　　　　　　　　　　　　　　（b）

图 4-15　绘制主视图（三）

（5）删除多余图线。删除、裁剪多余的图线，完成的图形如图4-16（a）所示。

（6）绘制圆。点击绘图工具栏中的"圆"图标 ⊘，将立即菜单设置为"1. 圆心_半径"、"2. 直径"、"3. 无中心线"，系统提示：

圆心点：0, 24↙

输入直径或圆上一点：10↙

（7）选择当前层。因为所绘图形为点画线，故当前层选择"中心层"。

（8）绘制中心线。将捕捉方式切换为导航方式。点击绘图工具栏中的"直线"图标 ✏，设置绘制直线的立即菜单为"1. 两点线"、"2. 单根"，系统提示：

第一点（切点，垂足点）：（移动光标用导航线确定点的位置）

第二点（切点，垂足点）：（向右移动光标，单击左键）

绘制出的图形，如图4-16（b）所示。

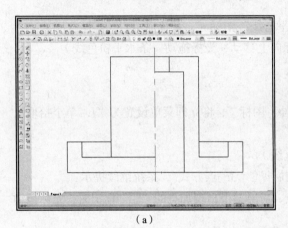
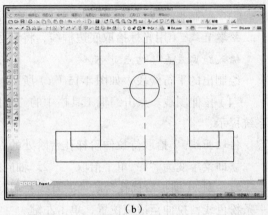

（a）　　　　　　　　　　　　　　（b）

图4-16　绘制主视图（四）

（9）绘制剖面线。点击绘图工具栏中的"剖面线"图标 ▦，弹出的立即菜单如图4-17所示。

图4-17　剖面线立即菜单

◇ 立即菜单"1."　为"拾取点"和"拾取边界"的切换窗口。

● 拾取点　在待画剖面线的封闭区域内拾取一点。

● 拾取边界　拾取待画剖面线区域的边界。

无论拾取点还是拾取边界，待画剖面线的区域必须是封闭的，否则操作无效。

◇ 立即菜单"2."　为"不选择剖面图案"和"选择剖面图案"的切换窗口。

● 不选择剖面图案　剖面图案按系统默认生成。

● 选择剖面图案　在"剖面图案"对话框中选择图案。

◇ 立即菜单"3."　可显示和修改剖面线间距。

◇ 立即菜单"4. 角度"　可显示和修改剖面线角度。

◇ 立即菜单"5. 间距错开"　可使相邻零件的剖面线相互错开。

采用系统默认的立即菜单，系统提示：

拾取环内一点：（在图中待画剖面线的封闭环内拾取点，系统自动搜索最小内环，并将其边界变为红色，如图4-18（a）所示）

点击右键确认，完成剖面线的绘制，如图4-18（b）所示。

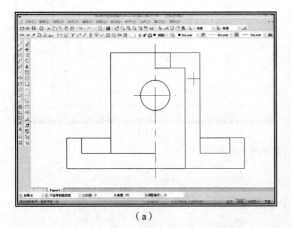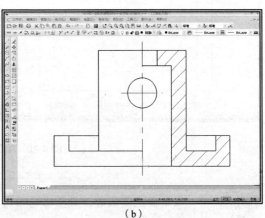

（a）　　　　　　　　　　　　（b）

图4-18　绘制主视图（五）

3. 绘制俯视图

（1）选择当前层。因为所绘图形为粗实线，故当前层选择"0层"。

（2）绘制矩形。点击绘图工具栏中的"矩形"图标口，将立即菜单设置为"1.长度和宽度"、"2.左上角点定位"、"3.角度0"、"4.长度60"、"5.宽度41"、"6.无中心线"，系统提示：

定位点：（移动光标用导航线确定点的位置，如图4-19（a）所示，点击左键）

完成矩形的绘制，动态放大如图4-19（b）所示。

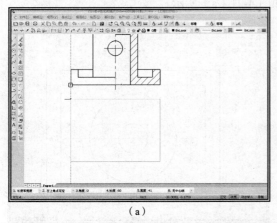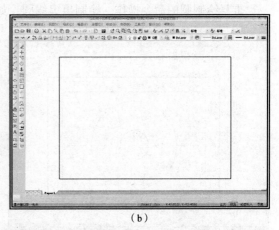

（a）　　　　　　　　　　　　（b）

图4-19　绘制俯视图（一）

（3）绘制平行线。点击绘图工具栏中的"平行线"图标∥，系统提示：

拾取直线：（用光标拾取左边框线，将光标向右移动，光标拖动一条水平粉色线）

输入距离或点（切点）：5↙

重复绘制"平行线"命令操作，绘制出的平行线段，如图4-20（a）所示。

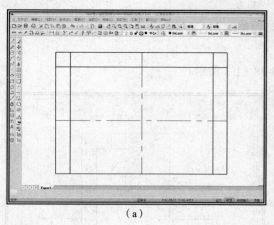
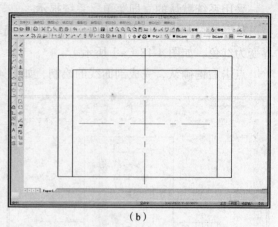

（a）   （b）

图4-20   绘制俯视图（二）

 提示

在绘制点画线时，设置当前层为中心线层。

（4）整理图形。用裁剪、拉伸命令整理俯视图。完成的图形如图4-20（b）所示。

（5）选择当前层。因为所绘图形为粗实线，故当前层选择"0层"。

（6）绘制圆。点击绘图工具栏中的"圆"图标，将立即菜单设置为"1. 圆心_半径"、"2. 直径"、"3. 无中心线"，系统提示：

圆心点：（捕捉点画线交点，当屏幕上出现加亮的"×"标记时，单击左键）

输入直径或圆上一点：30↙

输入直径或圆上一点：10↙

（7）选择当前层。因为所绘图形为虚线，故当前层选择"虚线层"。

重复绘制圆的命令操作，绘制出虚线圆，如图4-21（a）所示。

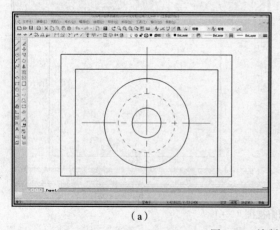
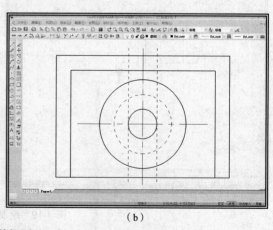

（a）   （b）

图4-21   绘制俯视图（三）

（8）绘制平行线。点击绘图工具栏中的"平行线"图标，将立即菜单设置为"1. 偏移方式"、"2. 双向"，系统提示：

拾取直线：（用光标拾取对称线，光标拖动两条竖直粉色线）

输入距离或点（切点）：5↙

绘制出的图形，如图 4-21（b）所示。

（9）整理图形。用裁剪命令整理后的俯视图如图 4-22（a）所示。

绘制完成的主、俯视图如图 4-22（b）所示。

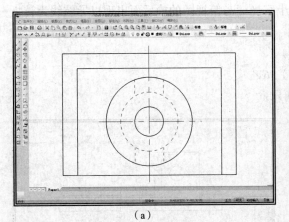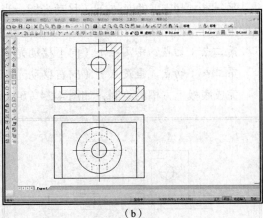

（a） （b）

图 4-22　绘制俯视图（四）

4. 补画全剖的左视图

（1）启用三视图导航功能。点击主菜单中的【工具】→【三视图导航】命令（或按下功能键 F7），系统提示：

第一点：（用光标在俯、左视图之间的适当位置确定一点）

第二点：（移动光标，单击左键指定第二点，生成 135°的黄色导航线）

（2）选择当前层。因为所绘图形为粗实线，故当前层选择"0 层"。

（3）绘制底板轮廓。点击绘图工具栏中的"矩形"图标□，将立即菜单设置为"1. 两角点"、"2. 无中心线"，系统提示：

第一角点：（移动光标，当十字光标与主视图的下边之间呈现出相连虚线，且与俯视图的后面出现以导航线为转折点的虚线时，确定矩形的左下角点如图 4-23（a）所示，单击左键）

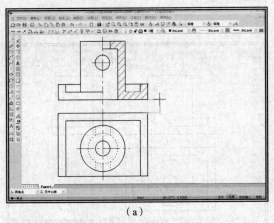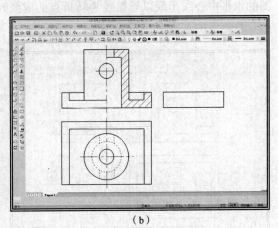

（a） （b）

图 4-23　补画全剖的左视图（一）

另一角点：（移动光标，当十字光标与主视图的大矩形上边之间呈现出相连虚线，且与俯视

图的前面出现以导航线为转折点的虚线时，确定矩形的右上角点，单击左键）

完成矩形的绘制，如图 4-23（b）所示。

（4）绘制底板开槽轮廓。点击绘图工具栏中的"直线"图标，将绘制直线的立即菜单设置为"1. 两点线"、"2. 连续"，系统提示：

第一点（切点，垂足点）：（移动光标，当十字光标与俯视图的槽后面出现以导航线为转折点的虚线时，如图 4-23（a）所示，单击左键）

第二点（切点，垂足点）：（向下移动光标）5↙

第二点（切点，垂足点）：（向右移动光标）36↙

完成底板上方槽的绘制，如图 4-24（b）所示。

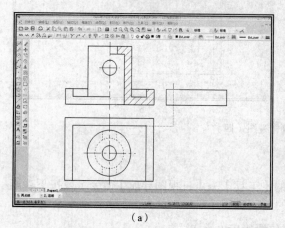
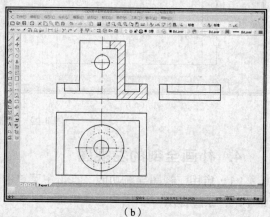

（a）　　　　　　　　　　　　　　　　　（b）

图 4-24　补画全剖的左视图（二）

（5）复制圆筒的轮廓。点击编辑工具栏中的"复制"图标，将立即菜单设置为"1. 给定两点"、"2. 保持原态"、"3. 旋转角 0"、"4. 比例：1"、"5. 份数 1"，系统提示：

拾取添加：（拾取主视图上要复制的圆筒的轮廓线，点击右键确认）

第一点：（拾取轴线与底边交点）

第二点或偏移量：（移动光标，当十字光标与主视图的下边之间呈现出相连虚线，且与俯视图的水平中心线出现以导航线为转折点的虚线时，单击左键）

复制后的左视图如图 4-25（a）所示。

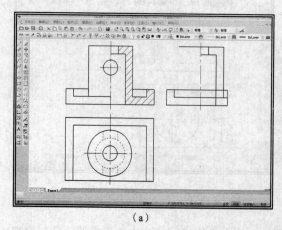
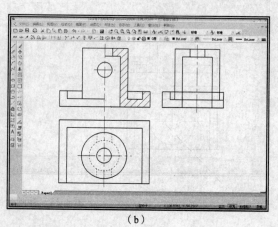

（a）　　　　　　　　　　　　　　　　　（b）

图 4-25　补画全剖的左视图（三）

（6）镜像圆筒的轮廓。点击编辑工具栏中的"镜像"图标 ，将立即菜单设置为"1. 选择轴线"、"2. 拷贝"，系统提示：

拾取元素：（采用窗口拾取方式拾取镜像实体后，点击右键确认）

拾取轴线：（拾取圆筒轴线，图形如图 4-25（b）所示）

完成镜像操作后的图形，用删除、裁剪命令进行整理。

点击主菜单中的【工具】→【三视图导航】命令（或按下功能键 F7 ），关闭三视图导航功能。

（7）绘制孔的轮廓。点击绘图工具Ⅱ工具栏中的"孔/轴"图标 ，将立即菜单设置为"1. 孔"、"2. 直接给出角度"、"3. 中心线角度 0"，系统提示：

插入点：（移动光标用导航线确定点的位置，如图 4-26（a）所示）

将立即菜单设置为"1. 孔"、"2. 起始直径 10"、"3. 终止直径 10"、"4. 有中心线"、"5. 中心线延伸长度 3"（延伸长度为默认值），系统提示：

孔上一点或孔的长度：（向右移动光标）

绘制出的图形，如图 4-26（b）所示。

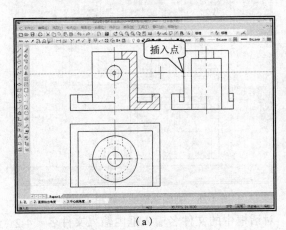 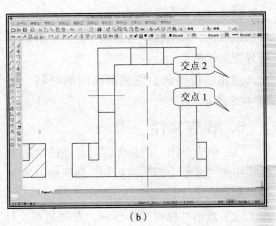

（a）　　　　　　　　　　　　　　　（b）

图 4-26　补画全剖的左视图（四）

（8）绘制相贯线。点击绘图工具栏中的"圆弧"图标 ，将立即菜单设置为"1. 两点_半径"方式绘制相贯线。

第一点（切点）：（根据相贯线的性质，拾取两相交孔外形轮廓线的一个交点 1）

第二点（切点）：（根据相贯线的性质，拾取两相交孔外形轮廓线的一个交点 2）

第三点（切点或半径）：15✓

绘制出孔与圆筒外表面的相贯线；重复圆弧命令，绘制出孔与圆筒内表面的相贯线。用"裁剪"命令，去除多余图线后的相贯线，如图 4-27（a）所示。

点击编辑工具栏中的"镜像"图标 ，将立即菜单设置为"1. 选择轴线"、"2. 拷贝"，系统提示：

拾取元素：（采用窗口拾取方式拾取相贯线和小孔轴线，点击右键确认）

拾取轴线：（拾取圆筒轴线）

用"裁剪"命令，去除多余图线后的相贯线，如图 4-27（b）所示。

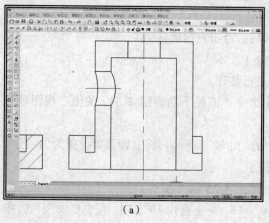 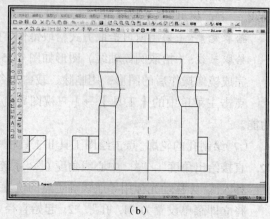

（a） （b）

图 4-27　补画全剖的左视图（五）

（9）绘制剖面线。点取绘图工具栏中的"剖面线"图标▨，采用系统默认的立即菜单，系统提示：

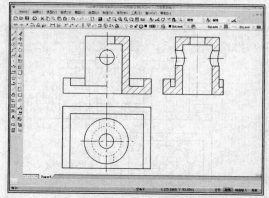

拾取环内一点：（在图中待画剖面线的封闭环内拾取点，系统自动搜索最小内环，并将其边界变为红色）

点击右键确认，完成剖面线的绘制，如图 4-28 所示。

5. 保存文件

（1）检查全图，确认无误后，点击常用工具栏中的"显示全部"图标🔍，使所绘图形充满屏幕。

图 4-28　补画全剖的左视图（六）

（2）点击"保存"图标▤，在"另存文件"对话框中的文件名输入框内输入文件名"4-2剖视图"，点击 保存⑤ 按钮存储文件。

任务三

剖面图的绘制

一、任务要求

按 1∶20 的比例，抄画图 4-29 所示梁的正立面图、平面图，并将侧立面图改画成 1-1 剖面图，标注尺寸。将所绘图形存盘，文件名："4-3 剖面图"。

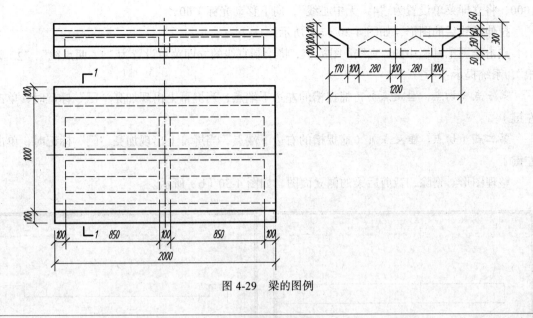

图 4-29　梁的图例

二、相关知识

通过本项任务的实施过程，掌握建筑施工图的绘制方法和尺寸标注方法；进一步熟悉导航功能的使用方法；熟练掌握"等距线"命令的操作方法；进一步熟练掌握"轴/孔"命令的操作方法；掌握"剖面线"命令的操作方法。

三、任务实施

1. 设置绘图比例

点击主菜单中的【幅面】→【图幅设置】命令，在弹出的"图幅设置"对话框中，设置绘图比例为"1∶20"。

2. 绘制梁的轮廓

（1）绘制侧立面图的外轮廓。选择当前层。因为所绘图形为粗实线，故当前层选择"0层"。

将捕捉方式切换为导航方式。点击绘图工具Ⅱ工具栏中的"孔/轴"图标，将立即菜单设置为"1. 轴"、"2. 直接给出角度"、"3. 中心线角度90"，系统提示：

插入点：（在屏幕上拾取任意点）

将立即菜单设置为"1. 轴"、"2. 起始直径860"、"3. 终止直径860"、"4. 有中心线"、"5. 中心线延伸长度3"（延伸长度为默认值），系统提示：

轴上一点或轴的长度：（向上移动光标）100↙

轴上一点或轴的长度：（修改轴的终止直径为1200，向上移动光标）100↙

轴上一点或轴的长度：（修改轴的起始直径为1200，向上移动光标）100↙

将立即菜单设置为"1. 孔"、"2. 直接给出角度"、"3. 中心线角度90"，系统提示：

插入点：（捕捉上边框的中点，当屏幕上出现加亮的"△"标记时，单击左键）

孔上一点或孔的长度：（修改孔的起始直径为1000，向右移动光标，终止直径自动修改为

1000，将立即菜单设置为"4. 无中心线"，向下移动光标）60✓

拉伸轴线后的图形，如图 4-30（a）所示。

点击绘图工具栏中的"直线"图标 ✎，将绘制直线的立即菜单设置为"1. 两点线"、"2. 单根"，系统提示：

第一点（切点，垂足点）：（捕捉槽的左边下端点，当屏幕上出现加亮"□"标记时，单击左键）

第二点（切点，垂足点）：（捕捉槽的右边下端点，当屏幕上出现加亮"□"标记时，单击左键）

整理图形。删除、裁剪后梁的侧立面图，如图 4-30（b）所示。

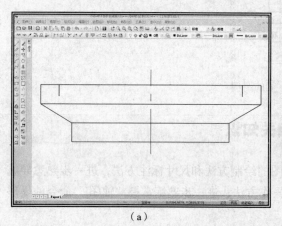
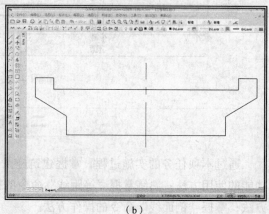

（a）　　　　　　　　　　　　　　　（b）

图 4-30　绘制梁的侧立面图轮廓

（2）绘制正立面图和平面图的轮廓。点击绘图工具栏中的"直线"图标 ✎，设置绘制直线的立即菜单为"1. 两点线"、"2. 连续"，系统提示：

第一点（切点，垂足点）：（移动光标，用导航线确定点的位置，如图 4-31（a）所示）

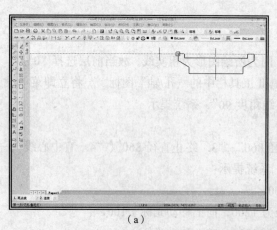
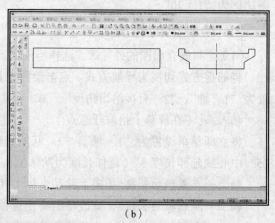

（a）　　　　　　　　　　　　　　　（b）

图 4-31　绘制梁的正立面图和平面图轮廓（一）

第二点（切点，垂足点）：（向左移动光标）2000✓

第二点（切点，垂足点）：（向下移动光标，用导航线确定点的位置）

第二点（切点，垂足点）：（向右移动光标，用导航线确定点的位置）

第二点（切点，垂足点）：（向上移动光标捕捉起点，当屏幕上出现加亮"□"标记时，单击左键）

绘制出的图形，如图 4-31（b）所示。

点击绘图工具栏中的"矩形"图标□，设置立即菜单为"1. 两角点"、"2. 无中心线"，系统提示：

第一角点：（移动光标，当十字光标与正立面图的左边之间呈现出相连虚线，且与侧立面图的后面出现以导航线为转折点的虚线时，确定矩形的左上角点如图 4-32（a）所示，单击左键）

另一角点：（移动光标，当十字光标与正立面图的矩形右边之间呈现出相连虚线，且与侧立面图的前面出现以导航线为转折点的虚线时，确定矩形的右下角点，单击左键）

完成矩形的绘制，如图 4-32（b）所示。

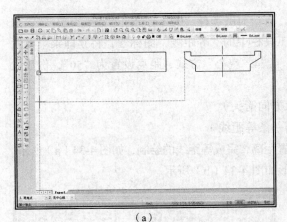
（a）

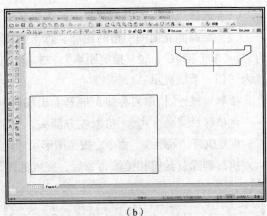
（b）

图 4-32　绘制梁的正立面图和平面图轮廓（二）

（3）绘制槽和缺口的轮廓。点击绘图工具栏中的"直线"图标∕，将绘制直线的立即菜单设置为"1. 两点线"、"2. 单根"，系统提示：

第一点（切点，垂足点）：（移动光标，用导航线确定点的位置）

第二点（切点，垂足点）：（移动光标，用导航线确定点的位置）

重复操作，绘制主视图可见轮廓。

点击右键或按∕，再次激活绘制直线命令，将绘制直线的立即菜单设置为"1. 两点线"、"2. 单根"，系统提示：

第一点（切点，垂足点）：（移动光标，当十字光标与正立面图的下边之间呈现出相连虚线，且与侧立面图中的槽出现以导航线为转折点的虚线时，确定点的位置，如图 4-33（a）所示，单击左键）

第二点（切点，垂足点）：（向右移动光标，用导航线确定点的位置）

重复操作，绘制平面图的可见轮廓。

（4）选择当前层。因为所绘图形为虚线，故当前层选择"虚线层"。

重复操作，绘制正立面图和侧立面图中的不可见轮廓，如图 4-33（b）所示。

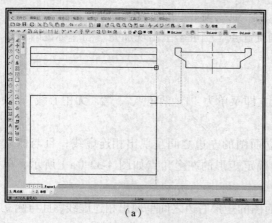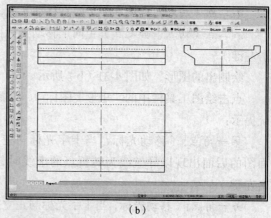

（a）　　　　　　　　　　　　　　　（b）

图 4-33　绘制梁的正立面图和平面图轮廓（三）

3. 绘制 1—1 剖面图

（1）选择当前层。因为所绘图形为粗实线，故当前层选择"0 层"。

（2）绘制侧立面图中槽的轮廓。点击绘图工具栏中的"等距线"图标，将立即菜单设置为"1. 单个拾取"、"2. 指定距离"、"3. 单向"、"4. 空心"方式，距离设置为"50"，份数设置为"1"，系统提示：

拾取曲线：（拾取对称线，屏幕上出现选取方向箭头）

请拾取所需的方向：（拾取左方箭头，绘制一条等距线）

重复执行"等距线"命令，按照图形尺寸设置距离，完成等距线的绘制，如图 4-34（a）所示。执行删除、裁剪和镜像命令后，完成的图形如图 4-34（b）所示。

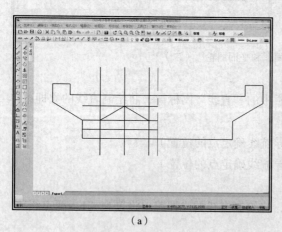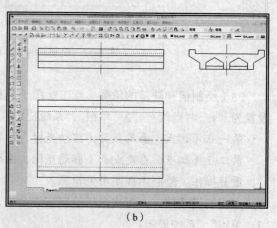

（a）　　　　　　　　　　　　　　　（b）

图 4-34　绘制侧立面图中槽的视图（一）

（3）绘制槽在平面图和正立面图中的虚线。因为所绘图形为虚线，故当前层选择"虚线层"。

点击绘图工具栏中的"直线"图标，将绘制直线的立即菜单设置为"1. 两点线"、"2. 单根"，系统提示：

第一点（切点，垂足点）：（移动光标，当十字光标与侧立面图的槽顶出现以导航线为转折点的虚线时，确定点的位置，如图 4-35（a）所示，单击左键）

第二点（切点，垂足点）：（向右移动光标，用导航线确定点的位置）

重复操作，在正立面图、侧立面图中绘制水平虚线，如图 4-35（b）所示。

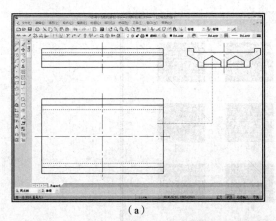 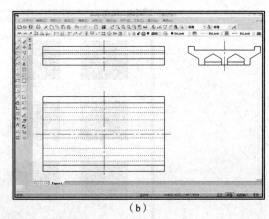

（a） （b）

图 4-35 绘制侧立面图中槽的视图（二）

点击绘图工具栏中的"等距线"图标，将立即菜单设置为"1. 单个拾取"、"2. 指定距离"、"3. 双向"、"4. 空心"方式，距离设置为"50"，份数设置为"1"，系统提示：

拾取曲线：（拾取正立面图中对称线，单击左键，绘制两条等距线）

重复执行"等距线"命令，按照图形尺寸设置距离，完成等距线的绘制，并对图形裁剪，如图 4-39（a）所示。

（4）绘制剖面线。点击绘图工具栏中的"剖面线"图标，将立即菜单设置为"1. 拾取点"、"2. 选择剖面图案"，系统提示：

拾取环内一点：（在图中待画剖面线的封闭环内拾取点，系统自动搜索最小内环，并将其边界变为红色）

成功拾取到环，拾取环内一点：（点击右键确定）

弹出"剖面图案"对话框，如图 4-36 所示。

图 4-36 "剖面图案"对话框

在"剖面图案"对话框中点击 高级浏览<< 按钮，弹出"浏览剖面图案"对话框，如图 4-37 所示。在该对话框中根据题目要求选择相应的剖面图案（本例选择"混凝土"图案）后，点击 确定 按钮，返回到"剖面图案"对话框中。在该对话框中的预览框中，可以看到所选择的图案，如

图 4-38 所示。点击对话框中的 [确定] 按钮，完成剖面图案的设置。

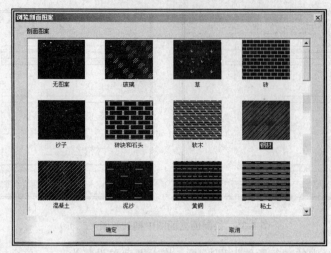

图 4-37　"浏览剖面图案"对话框

图 4-38　"剖面图案"对话框中的图案预览

点击右键，完成剖面线的绘制，如图 4-39（b）所示。

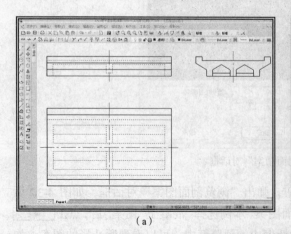

（a）

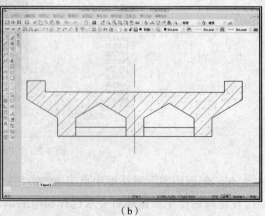

（b）

图 4-39　绘制槽的视图和剖面图

4. 标注尺寸

（1）设置文字样式。同前，在此不再赘述。

（2）标注样式设置。新建建筑标注样式，将尺寸界线的起点偏移量设为"2"，箭头设置为"斜线"，设置"建筑"样式为当前标注样式，如图4-40所示。

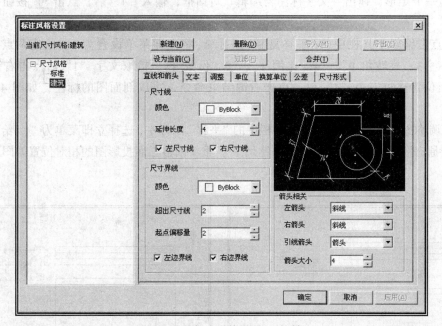

图4-40 "标注风格设置"对话框

（3）标注尺寸。点击标注工具栏中的"尺寸标注"图标，采用"连续标注"和"基本标注"方式，标注水平方向的尺寸，如图4-41（a）所示。

采用同样的方法，注出竖直方向的尺寸，如图4-41（b）所示。

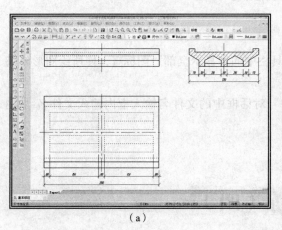

（a）

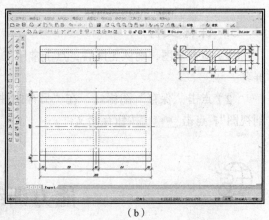

（b）

图4-41 标注尺寸

5. 其他标注

（1）选择当前层。因为所绘图形为标注内容，故当前层选择"尺寸线层"。

（2）标注剖切位置及剖面图名称。点击绘图工具栏中的"直线"图标 ，将绘制直线的立即菜单设置为"1. 两点线"、"2. 连续"方式，在平面图的适当位置画出剖切位置和投射方向线段。在 1-1 剖面图的下方画一段水平线。采用格式刷，将其改为粗实线。

（3）点击绘图工具栏中的"文字"图标 A，采用"指定两点"方式，在需要注写文字处用光标拖一个矩形，弹出"文字标注与编辑"对话框，输入"1"后，点击 确定 按钮，完成文字输入。

（4）点击编辑工具栏中的"平移复制"图标 ，将立即菜单设置为"1. 给定两点"、"2. 保持原态"、"3. 旋转角 0"、"4. 比例 1"、"5. 份数 1"。拾取文字"1"后点击右键，用光标在适当位置拷贝三个"1"后，点击右键结束命令，完成剖面图的标注，如图 4-42（a）所示。

（5）调整图形位置。点击编辑工具栏中的"平移"图标 ，选择立即菜单为"1. 给定偏移"、"2. 保持原态"、"3. 旋转角 0"、"4. 比例 1"。重新调整三面投影图的相对位置如图 4-42（b）所示。

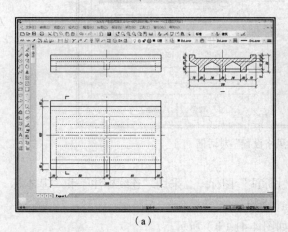
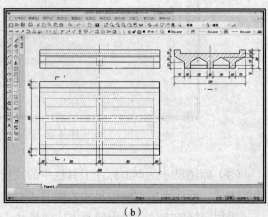

（a）　　　　　　　　　　　　　　　　（b）

图 4-42　其他标注

6. 保存文件

（1）检查全图，确认无误后，点击常用工具栏中的"显示全部"图标 ，使所绘图形充满屏幕。

（2）点击"保存"图标 ，在"另存文件"对话框中的文件名输入框内输入文件名"4-3 剖视图"，点击 保存(S) 按钮存储文件。

能力训练（四）

训练项目（1）

① 按 1:1 比例，绘制图 4-43 所示主、左两视图，补画俯视图。

② 不标注尺寸。

③ 将所绘图形满屏显示，以"学号加姓名加项目×"为文件名存盘。

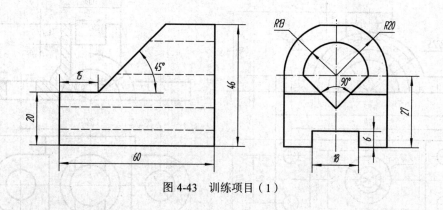

图 4-43   训练项目（1）

训练项目（2、3）

① 按 1:1 比例，绘制图 4-44、图 4-45 所示主、俯两视图，补画左视图。

② 不标注尺寸。

③ 将所绘图形满屏显示，以"学号加姓名加项目×"为文件名存盘。

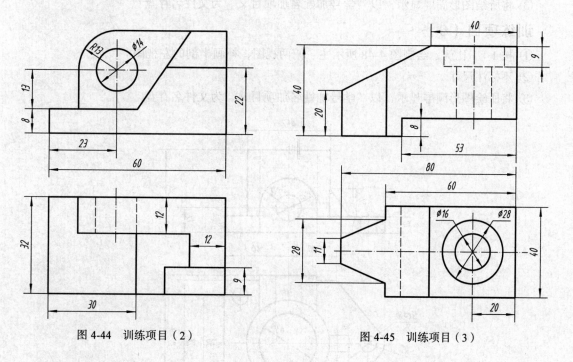

图 4-44   训练项目（2）

图 4-45   训练项目（3）

训练项目（4）

① 按 1:1 比例，绘制图 4-46 所示主、俯两视图，补画全剖的左视图。

② 不标注尺寸。

③ 将所绘图形满屏显示，以"学号加姓名加项目×"为文件名存盘。

训练项目（5）

① 按 1:1 比例，绘制图 4-47 所示主、俯两视图，补画半剖的左视图。

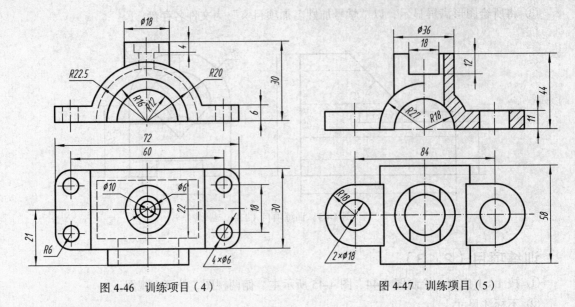

图 4-46 训练项目（4）　　　　图 4-47 训练项目（5）

② 不标注尺寸。

③ 将所绘图形满屏显示，以"学号加姓名加项目×"为文件名存盘。

训练项目（6）

① 按 1∶1 比例，绘制图 4-48 所示主、俯两视图，补画半剖的左视图。

② 不标注尺寸。

③ 将所绘图形满屏显示，以"学号加姓名加项目×"为文件名存盘。

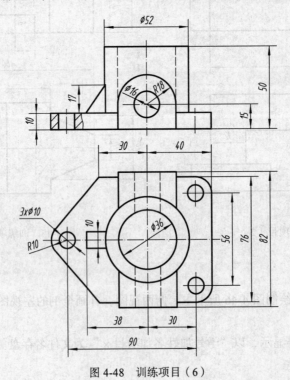

图 4-48 训练项目（6）

项目五

工程图样的绘制

【能力目标】

1. 熟悉绘制零件图的方法和步骤，能熟练绘制零件图并进行相应的工程标注。
2. 熟悉绘制建筑平面图的方法和步骤；掌握建筑平面图的尺寸标注方法。能熟练绘制建筑图。
3. 熟悉绘制装配图的方法和步骤，能根据零件图熟练绘制装配图。

任务一

绘制阀体的零件图

一、任 务 要 求

参照图 5-1 所示的尺寸绘制 A3 图幅的图框和标题栏。按 1∶1 的比例，抄画阀体零件图，并标注尺寸、表面结构要求和技术要求，将所绘图形存盘，文件名："5-1 阀体"。

二、相 关 知 识

通过本项任务的实施过程，熟悉绘制零件图的方法和步骤；掌握倒角的标注方法；掌握引出的标注方法；掌握技术要求的标注方法；掌握文字输入的方法；培养绘制工程图样的能力和技巧。

三、任 务 实 施

1. 读图并分析

阀体的零件图由三个视图组成，分别为主视图、俯视图和左视图。根据视图确定阀体由三

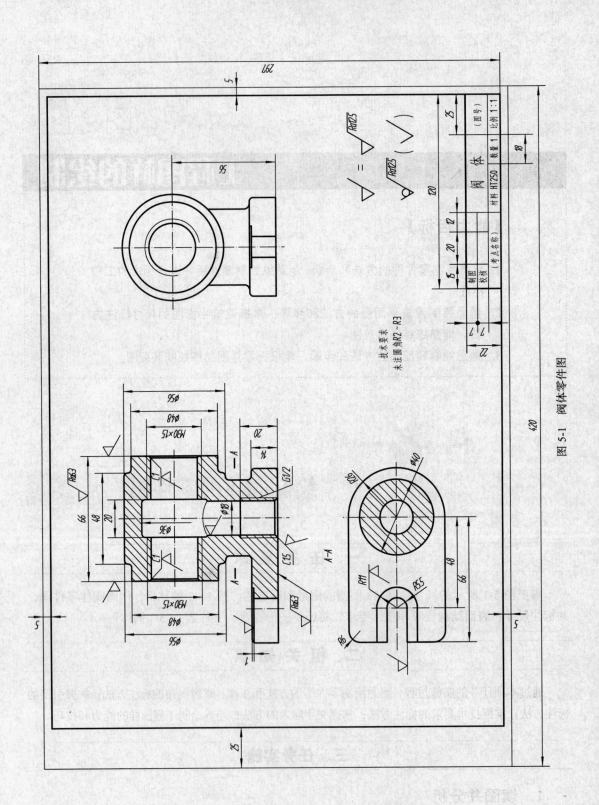

图 5-1 阀体零件图

部分构成：底部为左边挖有 U 形槽的 U 形块，上部为中间粗两边细的水平圆筒，中部为一段竖直的圆筒。在阀体左右、下面挖有螺孔。

2. 绘制边框和标题栏

（1）绘制边框。点击绘图工具栏中的"矩形"图标 □ ，在弹出的立即菜单中，将立即菜单设置为"1. 长度和宽度"、"2. 中心定位"、"3. 角度 0"、"4. 长度 420"，"5. 宽度 297"、"6. 无中心线"，系统提示：

定位点：（捕捉直角坐标系原点，单击左键确认）

点击绘图工具栏中的"等距线"图标 ⚲，将立即菜单设置为"1. 单个拾取"、"2. 指定距离"、"3. 单向"、"4. 空心"方式，距离设置为"5"、份数设置为"1"，系统提示：

拾取曲线：（拾取右边框，屏幕上出现选取方向箭头）

请拾取所需的方向：（拾取左方箭头，绘制一条等距线）

重复执行"等距线"命令，按照所给边框尺寸设置距离，完成等距线的绘制。

删除多余线。点击编辑工具栏中的"裁剪"图标 ⚡，用"快速裁剪"方法，裁剪多余的图线，完成边框的图形如图 5-2（a）所示。

 在绘图过程中，根据需要设置不同的图层为当前层，操作中不再重复陈述当前层的设置。

（2）绘制标题栏。采用"等距线"、"裁剪"、"删除"命令，绘制标题栏，并动态平移，完成的图形如图 5-2（b）所示。

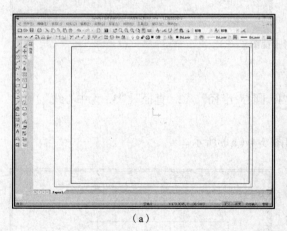
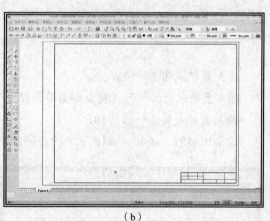

（a） （b）

图 5-2 绘制边框和标题栏

3. 存储文件

点击"保存"图标 🖫，在"另存文件"对话框中的文件名输入框内输入文件名"5-1 阀体"，点击 保存(S) 按钮存储文件。

 为防止操作失误或其他因素造成所绘图形丢失，一定要先将图形赋名存盘。

4. 绘制俯视图

（1）绘制折线。点取绘图工具栏中的"直线"图标 ，将绘制直线的立即菜单设置为"1. 两点线"、"2. 连续"，系统提示：

第一点（切点，垂足点）：（在屏幕拾取任意点，单击左键）

第二点（切点，垂足点）：（向左移动光标）66✓

第二点（切点，垂足点）：（向下移动光标）52✓

第二点（切点，垂足点）：（向上移动光标）66✓

完成的折线如图 5-3（a）所示。

（2）绘制圆。点击绘图工具栏中的"圆"图标 ，将立即菜单设置为"1. 圆心_半径"、"2. 直径"、"3. 有中心线"、"4. 中心线延伸长度 3"，系统提示：

圆心点：（用导航功能确定圆心，如图 5-3（b）所示）

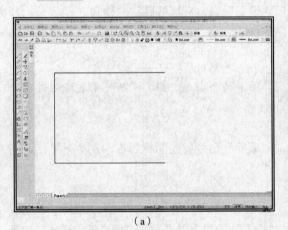
（a）

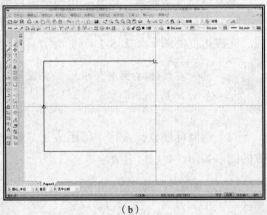
（b）

图 5-3　绘制俯视图（一）

输入直径或圆上一点：52✓

输入直径或圆上一点：（将立即菜单设置为"1. 圆心_半径"、"2. 直径"、"3. 无中心线"）40✓

输入直径或圆上一点：18✓

绘制出 $\phi52$、$\phi40$、$\phi18$ 三个同心圆，如图 5-4（a）所示。

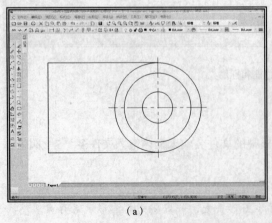
（a）

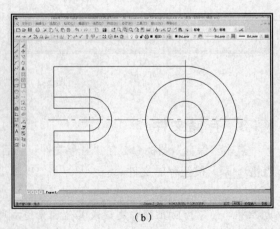
（b）

图 5-4　绘制俯视图（二）

（3）绘制U形槽。点击绘图工具栏中的"等距线"图标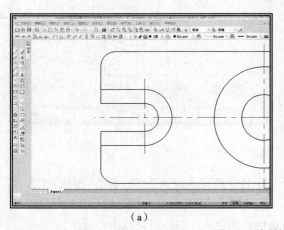，将立即菜单设置为"1. 单个拾取"、"2. 指定距离"、"3. 单向"、"4. 空心"方式，距离设置为"48"，份数设置为"1"，系统提示：

拾取曲线：（拾取圆的竖直中心线，屏幕上出现选取方向箭头）

请拾取所需的方向：（拾取左方箭头，绘制U形槽的中心线）

点击编辑工具栏中的"拉伸"图标，将立即菜单设置为"1. 单个拾取"，系统提示：

拾取曲线：（拾取待拉伸水平线中心线的左端）

系统继续提示：

拉伸到：（此时光标拖动一条粉色线，拉伸所需位置后，单击左键）

点击绘图工具栏中的"圆"图标，将立即菜单设置为"1. 圆心_半径"、"2. 直径"、"3. 无中心线"，系统提示：

圆心点：（捕捉左边竖直中心线与水平中心线交点）

输入直径或圆上一点：22↙

输入直径或圆上一点：11↙

绘制出 $\phi22$、$\phi11$ 两个同心圆。

点击编辑工具栏中的"裁剪"图标，用"快速裁剪"方法，裁剪多余的左半圆图线。

点取绘图工具栏中的"直线"图标，将绘制直线的立即菜单设置为"1. 两点线"、"2. 单根"，系统提示：

第一点（切点，垂足点）：（拾取 $\phi22$ 圆的上象限点，单击左键）

第二点（切点，垂足点）：（向左移动光标到垂足点，单击左键）

重复"直线"命令，绘制直线，裁剪多余的图线，完成的图形如图5-4（b）所示。

（4）绘制圆角。点击编辑工具栏中的"过渡"图标，将设置立即菜单为"1. 圆角"、"2. 裁剪"、"3. 半径6"，系统提示：

拾取第一条曲线（拾取上边框）

拾取第二条曲线（拾取左边框，完成一个圆角的绘制）

重复执行"过渡"命令绘制圆角，整理图形，完成的图形如图5-5（a）所示。

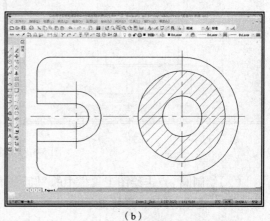

（a） （b）

图5-5 绘制俯视图（三）

（5）绘制剖面线。点取绘图工具栏中的"剖面线"图标，采用系统默认的立即菜单，系统提示：

拾取环内一点:（在图中待画剖面线的封闭环内拾取点，系统自动搜索最小内环，并将其边界变为红色）

点击右键确认，完成剖面线的绘制，如图 5-5（b）所示。

5. 绘制左视图

（1）绘制轮廓。点击绘图工具Ⅱ工具栏中的"孔/轴"图标，将立即菜单设置为"1. 轴"、"2. 直接给出角度"、"3. 中心线角度 90"，系统提示:

插入点:（在屏幕上拾取点，单击左键）

将立即菜单设置为"1. 轴"、"2. 起始直径 52"、"3. 终止直径 52"、"4. 有中心线"、"5. 中心线延伸长度 3"（延伸长度为默认值），系统提示:

轴上一点或轴的长度:（向上移动光标）14↙

系统继续提示:

轴上一点或轴的长度:（修改轴的起始直径为 40，向右移动光标，终止直径自动修改为 40，向上移动光标）56-14↙

将立即菜单设置为"1. 孔"、"2. 直接给出角度"、"3. 中心线角度 90"，系统提示:

插入点:（捕捉下边框的中点，当屏幕上出现加亮的"△"标记时，单击左键）

孔上一点或孔的长度:（修改孔的起始直径为 11，↙或移动光标，终止直径自动修改为 11，将立即菜单设置为"4. 无中心线"，向上移动光标）13↙

系统继续提示:

孔上一点或孔的长度:（修改孔的起始直径为 22，↙或移动光标，终止直径自动修改为 22，向上移动光标）1↙

绘制出的图形，如图 5-6（a）所示。

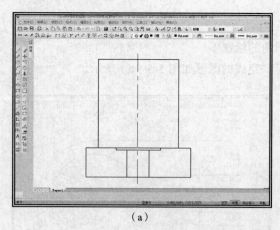
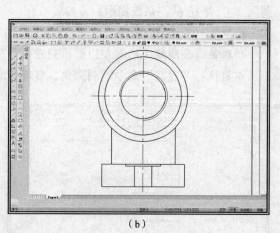

（a）　　　　　　　　　　　　　　　　　　　（b）

图 5-6　绘制左视图（一）

（2）绘制圆。点击绘图工具栏中的"圆"图标，将立即菜单设置为"1. 圆心_半径"、"2. 直径"、"3. 无中心线"，系统提示:

圆心点:（捕捉上边框的中点，当屏幕上出现加亮的"△"标记时，单击左键）

输入直径或圆上一点: 56↙

输入直径或圆上一点: 48↙

输入直径或圆上一点: 30↙

输入直径或圆上一点：28.3✓

绘制出 $\phi56$、$\phi48$、$\phi30$、$\phi28.3$ 四个同心圆。

（3）绘制圆的中心线。点取绘图工具栏中的"直线"图标 ，将绘制直线的立即菜单设置为"1. 两点线"、"2. 单根"，系统提示：

第一点（切点，垂足点）：（拾取 $\phi56$ 圆的象限点，单击左键）

第二点（切点，垂足点）：（拾取 $\phi56$ 圆的象限点，单击左键）

（4）整理图形。点击编辑工具栏中的"拉伸"图标 ，设置将立即菜单设置为"1. 单个拾取"，系统提示：

拾取曲线：（拾取待拉伸竖直中心线的上端）

系统继续提示：

拉伸到：（此时光标拖动一条粉色线，拉伸所需位置后，单击左键）

点击编辑工具栏中的"裁剪"图标 ，用"快速裁剪"方法，裁剪多余的图线。

将 $\phi30$ 圆修改为细实线，完成的图形如图 5-6（b）所示。

（5）绘制圆角。点击编辑工具栏中的"过渡"图标 ，将立即菜单设置为"1. 圆角"、"2. 裁剪始边"、"3. 半径 3"，系统提示：

拾取第一条曲线（拾取左边框）

拾取第二条曲线（拾取 $\phi56$ 圆，完成一个圆角的绘制）

重复执行"过渡"命令，根据需要设置立即菜单，绘制其他圆角，完成的图形如图 5-7 所示。

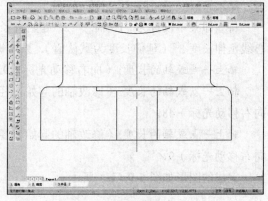

图 5-7 绘制左视图（二）

6. 绘制主视图

（1）绘制轮廓。点击绘图工具栏中的"矩形"图标 ，将立即菜单设置为"1. 两角点"、"2. 无中心线"，系统提示：

第一角点：（移动光标，当十字光标与俯视图的左边之间呈现出相连虚线，且与左视图的下面出现相连的虚线时，确定矩形的"第一角点"，如图 5-8（a）所示）

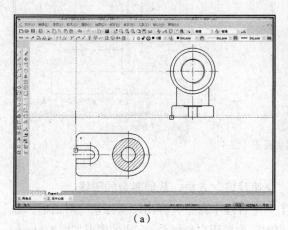

（a）

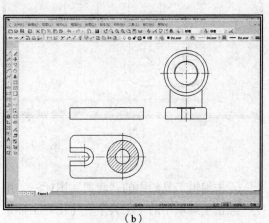

（b）

图 5-8 绘制主视图（一）

另一角点：（移动光标，当十字光标与俯视图的右边之间呈现出相连虚线，且与左视图的底面出现相连的虚线时，确定矩形的"另一角点"，绘制出底板轮廓的图形，如图5-8（b）所示）

点击绘图工具Ⅱ工具栏中的"孔/轴"图标 ，将立即菜单设置为"1. 轴"、"2. 直接给出角度"、"3. 中心线角度90"，系统提示：

插入点：（利用导航方式功能在矩形上边拾取点，单击左键）

将立即菜单设置为"1. 轴"、"2. 起始直径40"、"3. 终止直径40"、"4. 有中心线"、"5. 中心线延伸长度3"（延伸长度为默认值），系统提示：

轴上一点或轴的长度：（向上移动光标）56-14↙

完成的图形如图5-9（a）所示。

点击主菜单中的【工具】→【用户坐标系】→【新建】命令，在矩形上边中心点设置用户坐标系。

点击绘图工具Ⅱ工具栏中的"孔/轴"图标 ，将立即菜单设置为"1. 轴"、"2. 直接给出角度"、"3. 中心线角度0"，系统提示：

插入点： – 33，0↙

将立即菜单设置为"1. 轴"、"2. 起始直径48"、"3. 终止直径48"、"4. 有中心线"、"5. 中心线延伸长度3"（延伸长度为默认值），系统提示：

轴上一点或轴的长度：（向右移动光标）9↙

轴上一点或轴的长度：（修改轴的起始直径为56，向右移动光标，终止直径自动修改为56，向右移动光标）48↙

轴上一点或轴的长度：（修改轴的起始直径为48，向右移动光标，终止直径自动修改为48，向右移动光标）9↙

完成的图形如图5-9（b）所示。

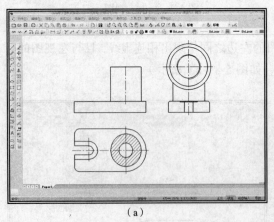
（a）

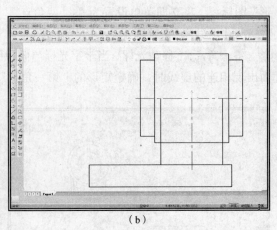
（b）

图5-9　绘制主视图（二）

点击编辑工具栏中的"裁剪"图标 ，用"快速裁剪"方法，裁剪多余的图线。

点击主菜单中的【工具】→【用户坐标系】→【管理】命令，弹出"坐标系"对话框，如图5-10所示。先点击 删除(D) 按钮，再点击 确定(O) 按钮，取消用户坐标系。完成的图形如图5-11（a）

所示。

（2）绘制孔、U 形槽。点击绘图工具 II 工具栏中的"孔/轴"图标 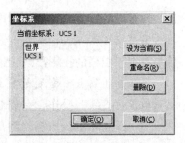，将立即菜单设置为"1. 孔"、"2. 直接给出角度"、"3. 中心线角度 0"，系统提示：

插入点：（捕捉左边框中点，单击左键）

将立即菜单设置为"1. 孔"、"2. 起始直径 28.3"、"3. 终止直径 28.3"、"4. 无中心线"，系统提示：

图 5-10 "坐标系"对话框

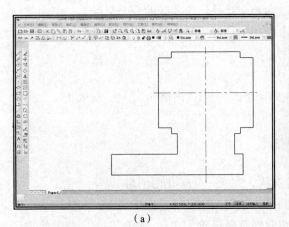
（a）

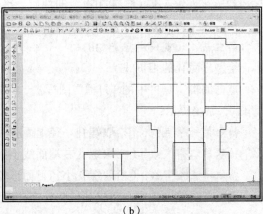
（b）

图 5-11 绘制主视图（三）

孔上一点或孔的长度：（向右移动光标）23↙

孔上一点或孔的长度：（修改孔的起始直径为 36，向右移动光标，终止直径自动修改为 36，向右移动光标）20↙

孔上一点或孔的长度：（修改孔的起始直径为 28.3，向右移动光标，终止直径自动修改为 28.3，向右移动光标，完成水平方向孔的绘制）23↙

点击右键或↙，再次激活"孔/轴"命令，将立即菜单设置为"1. 孔"、"2. 直接给出角度"、"3. 中心线角度 90"，系统提示：

插入点：（捕捉底边与轴线的交点，单击左键）

将立即菜单设置为"1. 孔"、"2. 起始直径 18"、"3. 终止直径 18"、"4. 无中心线"，系统提示：

孔上一点或孔的长度：（向上移动光标，捕捉 ϕ36 下边轮廓线与轴线的交点，单击左键，完成竖直孔的绘制）

点击绘图工具栏中的"等距线"图标 ，将立即菜单设置为"1. 单个拾取"、"2. 指定距离"、"3. 双向"、"4. 空心"方式，距离设置为"0.85"，份数设置为"1"，系统提示：

拾取曲线：（拾取水平轴线，绘制出现螺孔的大径，并将图线修改为细实线）

重复"等距线"操作，完成竖直螺孔的绘制。

点击编辑工具栏中的"裁剪"图标 ，用"快速裁剪"方法，裁剪多余的图线。

点取绘图工具栏中的"直线"图标 ，将绘制直线的立即菜单设置为"1. 两点线"、"2. 连续"，系统提示：

第一点（切点，垂足点）：（移动光标，当十字光标与俯视图的左边之间呈现出相连虚线、

且与左视图的槽底出现相连的虚线时，单击左键）

第二点（切点，垂足点）:（移动光标，当十字光标与俯视图中槽的投影呈现出相连虚线、且与左视图中槽的投影出现相连的虚线时，单击左键）

第二点（切点，垂足点）:（向上移动光标到垂足，点击左键，完成大 U 形槽的绘制）

重复"直线"操作，完成 U 形槽的绘制，如图 5-11（b）所示。

（3）绘制相贯线、螺纹倒角和圆角。点击绘图工具栏中的"圆弧"图标，将立即菜单设置为"1. 两点_半径"方式绘制相贯线。

第一点（切点）:（根据相贯线的性质，拾取两相交孔外形轮廓线的一个交点）

第二点（切点）:（根据相贯线的性质，拾取两相交孔外形轮廓线的一个交点）

第三点（切点或半径）: 36↙

绘制出两孔的相贯线。

点击编辑工具栏中的"过渡"图标，将立即菜单改为"1. 内倒角"、"2. 长度 1"、"3. 角度 45"，系统提示：

拾取第一条直线:（拾取螺孔小径上面轮廓线）

拾取第二条直线:（拾取螺孔右端面线）

拾取第三条直线:（拾取螺孔小径下面形轮廓线，完成一处螺孔内倒角）

重复"过渡"操作，完成其他两处螺孔内倒角的绘制。

点击右键或↙，再次激活"过渡"命令，将立即菜单设置为"1. 圆角"、"2. 裁剪始边"、"3. 半径 2"，系统提示：

拾取第一条曲线（拾取 ϕ56 左端面线）

拾取第二条曲线（拾取 ϕ48 上面轮廓线，完成一个圆角的绘制）

重复执行"过渡"命令，绘制其他圆角，如图 5-12（a）所示。

（4）绘制剖面线。点击绘图工具栏中的"剖面线"图标，采用系统默认的立即菜单，系统提示：

拾取环内一点:（在图中待画剖面线的封闭环内拾取点，系统自动搜索最小内环，并将其边界变为红色）

点击右键确认，完成剖面线的绘制，绘制的主视图如图 5-12（b）所示。

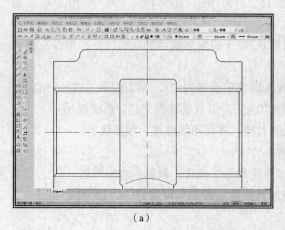

（a）

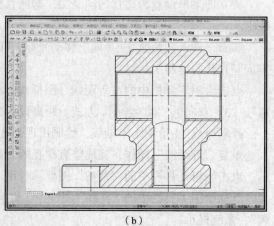

（b）

图 5-12　绘制主视图（四）

点击编辑工具栏中的"平移"图标✛，调整三视图的之间位置，如图 5-13（a）所示。

7. 标注尺寸

（1）设置文字参数。点击文本尺寸样式工具栏中的"文字样式"图标，点击"文本风格设置"对话框中的 新建(N) 按钮，在弹出的提示框中，点击 是(Y) 按钮，弹出"新建风格"对话框，基准风格为标准风格，在编辑框中输入一个新创建的文本风格名"机械"，点击 下一步 按钮，回到"文本风格设置"对话框，在"风格参数"组合框中对新风格的参数进行设置：中文字体"形文件.shx"；西文字体"国标.shx"；倾斜角"15"；其他缺省设置。

（2）设置标注参数。点击文本尺寸样式工具栏中的"标注样式"图标，在弹出的"标注风格设置"对话框中，点击"单位"选项卡，选择尺寸标注的精度为 0.0；点击"文本"选项卡，文本风格设置机械，设置完成后，点击 应用(A) 按钮，在预览框中，可预览修改后的标注风格。如满足要求，点击 确定 按钮。相关对话框参考项目二。

（3）标注线性尺寸。点击标注工具栏中的"尺寸标注"图标，选择"基本标注"或"基准标注"方式，标注出所有线性尺寸。

在标注螺孔的尺寸时，修改数据窗口的数据，输入字串"M30×1.5"。

（4）标注直径及半径尺寸。选择"基本标注"方式，标注出圆的直径、圆弧的半径，如图 5-13（b）所示。

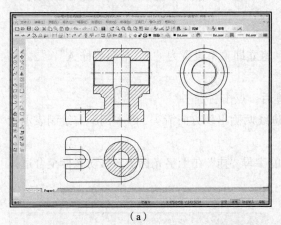
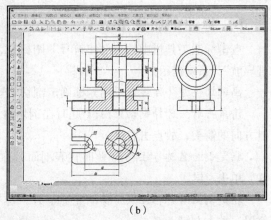

（a）　　　　　　　　　　　　　　　　（b）

图 5-13　标注尺寸（一）

（5）标注 $\phi 36$ 直径。选择"半标注"方式，标注 $\phi 36$ 直径，如图 5-15（a）所示。

（6）标注倒角尺寸。点击标注工具栏中的"倒角标注"图标，系统提示：

拾取倒角线：（在主视图中拾取倒角斜线）

尺寸线位置：（将立即菜单中的倒角尺寸值修改为"C1"，移动光标至适当位置，单击左键，注出倒角尺寸）

重复操作，完成倒角的尺寸标注。

（7）标注管螺纹尺寸。点击标注工具栏中的"引出说明"图标，弹出"引出说明"对话框，如图 5-14 所示，在"上说明"窗口输入 G1/2，点击 确定 按钮，系统提示：

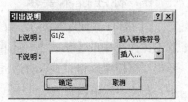

图 5-14　"引出说明"对话框

第一点:（在主视图中拾取螺纹的大径，光标拖动出引线，移动光标至适当位置，单击左键，标注出管螺纹尺寸）

完成的尺寸标注如图 5-15（b）所示。

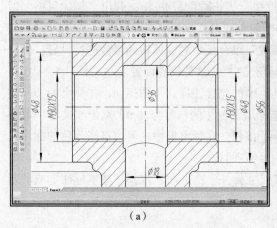

（a）

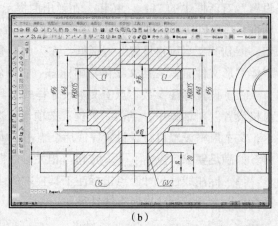

（b）

图 5-15　标注尺寸（二）

　　系统默认"引出说明"的引线带有箭头，如不需箭头，可在"尺寸标注风格"对话框中，将引线箭头设为"无"。

8. 标注剖切位置

点击标注工具栏中的"剖切符号"图标 ，将立即菜单设置为"1. 剖面名称 A"、"2. 垂直导航"，系统提示：

画剖切轨迹（画线）:（用光标确定剖切轨迹后，点击右键）

请单击箭头选择剖切方向:（此时在剖切轨迹线两侧出现方向箭头，因本例不需绘制表示投射方向的箭头，故点击右键）

指定剖面名称标注点:（此时代表剖面名称的字母"挂"在十字光标上。移动光标至合适位置，单击左键）

指定剖面名称标注点:（移动光标至另一处位置，单击左键）

指定剖面名称标注点:（点击右键，结束命令）

完成的剖切标注如图 5-16 所示。

9. 标注技术要求

（1）标注表面结构要求。设置粗糙度风格。点击主菜单中的【格式】→【粗糙度】命令，弹出"粗糙度风格设置"对话框，如图 5-17 所示，将文本风格设置为"机械"，先点击 应用(A) 按钮，再点击 确定 按钮。

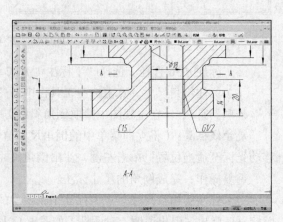

图 5-16　标注剖切位置

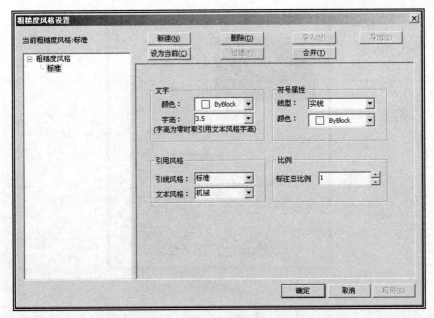

图 5-17　"粗糙度风格设置"对话框

标注表面结构要求。点击标注工具栏中的"粗糙度"图标☑，将立即菜单设置为"1. 简单标注"、"2. 默认方式"、"3. 去除材料"。按照制图国家标准规定，对相同的表面结构要求可以采用简化方法标注，设置粗糙度参数值窗口为无值状态，系统提示：

拾取定位点或直线或圆弧：（拾取主视图左边线）

拖动确定标注位置：（拖动光标至适当位置，单击左键）

逐一在视图中标出 7 处相同表面结构要求简化代号即基本加工符号，如图 5-18（a）所示。

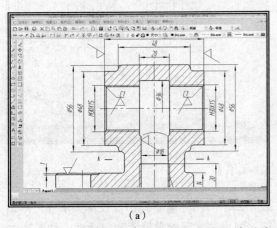

（a）

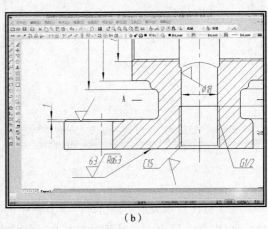

（b）

图 5-18　标注表面结构要求（一）

将立即菜单改为"1. 标准标注"、"2. 默认方式"，弹出"表面粗糙度"对话框，选择基本符合为加工符号，在窗口中输入 Ra6.3，如图 5-19 所示，点击 确定 按钮，系统提示：

拾取定位点或直线或圆弧：（拾取主视图上边尺寸线）

拖动确定标注位置：（拖动光标至适当位置，单击左键）

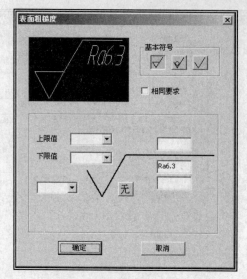

图 5-19　"表面粗糙度"对话框

拾取定位点或直线或圆弧：（切换立即菜单为"2．引出方式"，拾取主视图下边框）

拖动确定标注位置：（拖动光标至适当位置，单击左键，如图 5-18（b）所示）

以等式的形式，在标题栏附近，对有相同表面结构要求的表面进行简化标注；其他表面结构要求统一标注在标题栏附近，如图 5-20（a）所示。

完成所有标注的图形如图 5-20（b）所示。

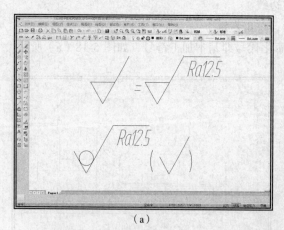

（a）

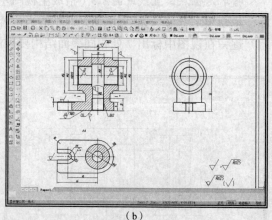

（b）

图 5-20　标注表面结构要求（二）

（2）标注技术要求。点击标注工具栏中的"技术要求"图标 ，弹出"技术要求库"对话框，如图 5-21 所示。在对话框中点击 标题设置 按钮，弹出"文字参数设置"对话框，如图 5-22 所示。在对话框中选择关联风格为"标准"，字高为"5"。点击 确定 按钮，返回到"技术要求库"对话框。

点击 正文设置 按钮，再次弹出"文字参数设置"对话框。在对话框中选择字高为"3.5"，点击 确定 按钮，在"技术要求库"对话框的文字编辑框中输入技术要求的内容，点击"技术要求库"对话框中的 生成 按钮，返回到绘图状态，系统提示：

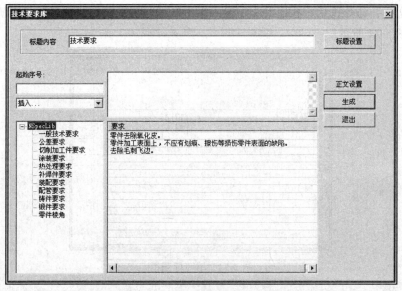

图 5-21　"技术要求库"对话框

第一角点:（在适当位置指定技术要求标注区域的第一角点）

第二角点:（在适当位置指定技术要求标注区域的第二角点）

完成技术要求的注写，如图 5-23（a）所示。

10. 填写标题栏

点击绘图工具栏中的"文字"图标 A ，系统提示:

第一点:（捕捉标题栏中的角点，单击左键）

第二点:（捕捉标题栏中的角点，单击左键）

指定了标注文字的区域后，系统弹出"文本编辑器"对话框，选择文字对齐方式，点击"左右居中"图标 和"上下居中"图标 。

选择任意一种中文输入方式，在对话框的输入窗口输入"阀体"，点击 确定 按钮，如图 5-23（b）所示。

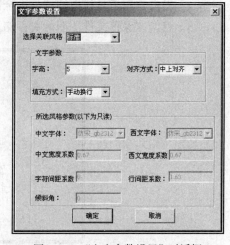

图 5-22　"文字参数设置"对话框

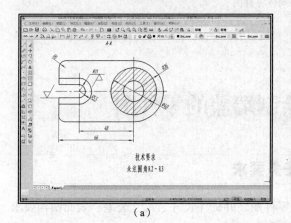

（a）

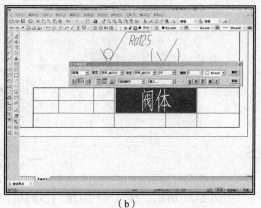

（b）

图 5-23　标注技术要求和填写标题栏

重复"文字"命令，指定相应的文字输入矩形区域，依次输入"姓名"、"成绩"、"考号"等文字，如图 5-24 所示。

图 5-24　填写标题栏

11．整理及存储图形文件

（1）检查全图，用"平移"命令调整各图形之间的距离。

（2）点击常用工具栏中的"显示全部"图标，使所绘图形充满屏幕，如图 2-25 所示。

（3）点击"保存文件"图标存储文件。

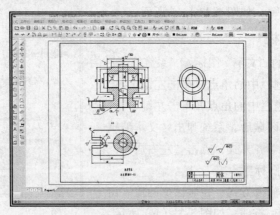

图 5-25　阀体零件图

任务二

绘制端盖的零件图

一、任务要求

如图 5-26 所示，按 1：1 的比例抄画端盖零件图，并标注尺寸、尺寸公差、表面结构要求和技术要求，将所绘图形存盘，文件名："5-2 端盖"。

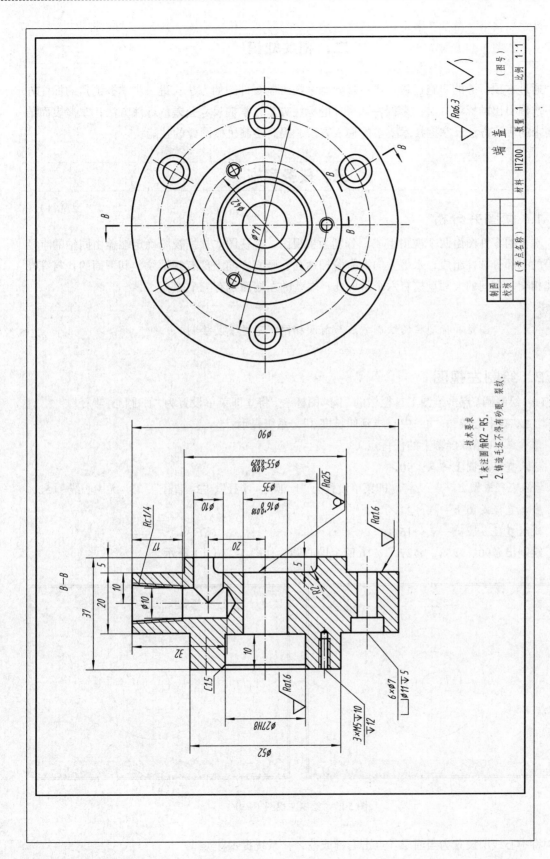

图 5-26 端盖零件图

二、相关知识

通过本项任务的实施过程，进一步熟练掌握绘制零件图的方法；进一步掌握倒角的标注方法；掌握引出的标注方法；掌握特殊尺寸的标注方法；掌握尺寸公差的标注方法；掌握表面结构要求的标注方法；掌握技术要求的输入方法，提高绘制机械图样的技能。

三、任务实施

1. 读图并分析

端盖的零件图由两个视图组成，分别为主视图、左视图。根据视图确定端盖由同轴的直径不等的三部分圆柱组成，水平方向挖有阶梯通孔，竖直方向上部有管螺纹，其下面的孔与等径的孔相交，中间的大圆盘挖有六个阶梯孔，端盖的左端面挖有三个螺孔。

> 图框和标题栏的绘制方法与前面相同，不再重复绘制。

2. 绘制左视图

（1）绘制圆。点击绘图工具栏中的"圆"图标◉，将立即菜单设置为"1. 圆心_半径"、"2. 直径"、"3. 有中心线"、"4. 中心线延伸长度3"，系统提示：

圆心点：（拾取屏幕上的任一点）

输入直径或圆上一点：90↙

输入直径或圆上一点：（将立即菜单设置为"1. 圆心_半径"、"2. 直径"、"3. 无中心线"）52↙

输入直径或圆上一点：27↙

输入直径或圆上一点：16↙

绘制出 $\phi90$、$\phi52$、$\phi27$、$\phi16$ 四个同心圆，如图5-27（a）所示。

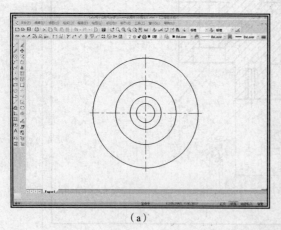
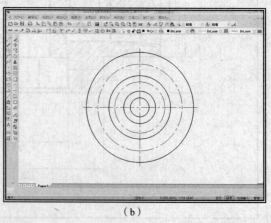

（a）　　　　　　　　　　　　（b）

图5-27　绘制左视图（一）

将中心线层设置为当前层。点击右键或按↙，系统提示：

圆心点：（捕捉圆心，当屏幕上出现加亮的"○"时，单击左键）

输入直径或圆上一点：71↙

输入直径或圆上一点：42↙

绘制出 ϕ71、ϕ42 两个细点画线圆，如图 5-27（b）所示。

（2）存储文件。点击"保存"图标 █ ，在"另存文件"对话框中的文件名输入框内输入文件名"5-2 端盖"，点击 保存(S) 按钮存储文件。

提示　　为防止操作失误或其他因素造成所绘图形丢失，一定要先将图形赋名存盘。

（3）绘制同心圆。将 0 层设置为当前层。点击右键或按↙，系统提示：

圆心点：（捕捉水平中心线与点画线圆的交点）

输入直径或圆上一点：11↙

输入直径或圆上一点：7↙

绘制出 ϕ7、ϕ11 两同心圆。

（4）阵列圆。点击编辑工具栏中的"阵列"图标 ▦ ，将立即菜单设置为"1. 圆形阵列"、"2. 旋转"、"3. 均布"，"4. 份数 6"，系统提示：

拾取添加：（拾取小圆，点击右键确认）

中心点：（捕捉圆心，当屏幕上出现加亮的"○"标记时，单击左键）

圆形阵列后的图形，如图 5-28 所示。

3. 绘制主视图

（1）绘制外轮廓。点击绘图工具Ⅱ工具栏中的"孔/轴"图标 ▨ ，将立即菜单设置为"1. 轴"、"2. 直接给出角度"、"3. 中心线角度 0"，系统提示：

插入点：（在屏幕上拾取点，单击左键）

将立即菜单设置为"1. 轴"、"2. 起始直径 52"、"3. 终止直径 52"、"4. 有中心线"、"5. 中心线延伸长度 3"（延伸长度为默认值），系统提示：

轴上一点或轴的长度：（向右移动光标）12↙

系统继续提示：

轴上一点或轴的长度：（修改轴的起始直径为 90，向右移动光标，终止直径自动修改为 90，向右移动光标）20↙

轴上一点或轴的长度：（修改轴的起始直径为 55，向右移动光标，终止直径自动修改为 55，向右移动光标）5↙

完成的图形，如图 5-29 所示。

（2）绘制内部轮廓。点击右键或↙，再次激活"孔/轴"命令，将立即菜单设置为"1. 孔"、"2. 直接给出角度"、"3. 中心线角度 0"，系统提示：

插入点：（捕捉左边与轴线的交点，单击左键）

将立即菜单设置为"1. 孔"、"2. 起始直径 27"、"3. 终止直径 27"、"4. 无中心线"，系统提示：

孔上一点或孔的长度：10↙

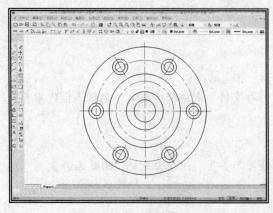

图 5-28　绘制左视图（二）

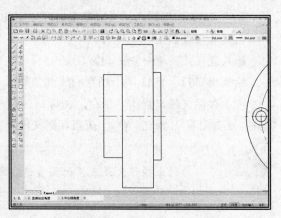

图 5-29　绘制主视图（一）

<u>孔上一点或孔的长度</u>：（修改孔的起始直径为 16，向右移动光标，终止直径自动修改为 16，向右移动光标）22↙

<u>孔上一点或孔的长度</u>：（修改孔的起始直径为 35，向右移动光标，终止直径自动修改为 35，向右移动光标）5↙

完成水平方向孔的绘制，如图 5-30（a）所示。重复同样操作，完成阶梯孔的操作，如图 5-30（b）所示。

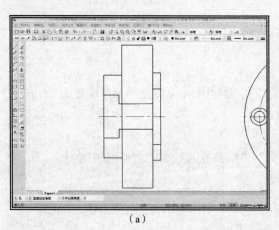

（a）

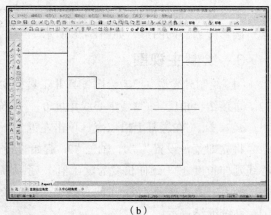

（b）

图 5-30　绘制主视图（二）

点击右键或↙，再次激活"孔/轴"命令，将立即菜单设置为"1. 孔"、"2. 直接给出角度"、"3. 中心线角度 90"，系统提示：

<u>插入点</u>：（捕捉上边框的中点，单击左键）

将立即菜单设置为"1. 孔"、"2. 起始直径 11.445"、"3. 终止直径 10"、"4. 有中心线"、"5. 中心线延伸长度 3"（延伸长度为默认值），系统提示：

<u>孔上一点或孔的长度</u>：17↙

<u>孔上一点或孔的长度</u>：（修改孔的起始直径为 10，向下移动光标）15↙

点击绘图工具栏中的"等距线"图标，将立即菜单设置为"1. 单个拾取"、"2. 指定距离"、"3. 单向"、"4. 空心"方式，距离设置为"0.856"，份数设置为"1"，系统提示：

<u>拾取曲线</u>：（拾取管螺纹的小径，绘制出螺孔的大径，并将图线修改为细实线）

重复"等距线"操作，完成竖直螺孔的绘制。

管螺纹的直径通过查表确定。

点取绘图工具栏中的"直线"图标 ，绘制阶梯孔和倒角。点击编辑工具栏中的"裁剪"图标 ，用"快速裁剪"方法，裁剪多余的图线。完成的图形如图 5-31（a）所示。

重复使用"孔/轴"、"直线"、"裁剪"命令，绘制出上方的水平孔，完成的图形如图 5-31（b）所示。

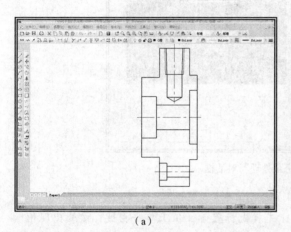
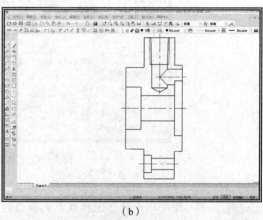

（a）   （b）

图 5-31　绘制主视图（三）

（3）在图形库中提取螺孔图形。点击绘图工具栏中的"提取图符"图标 ，在弹出的"提取图符"对话框中，选择图符大类为"常用图形"、图符小类为"孔"，在图符列表中选择"螺纹盲孔"，如图 5-32 所示。

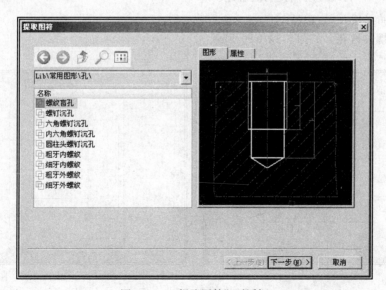

图 5-32　"提取图符"对话框

点击"提取图符"对话框中的 下一步(N) > 按钮，在弹出的"图符预处理"对话框中，将尺寸规格选择框中 L 值修改为"12"、I 值修改为"10"，尺寸开关为"关"，图符处理，如图 5-33 所示。

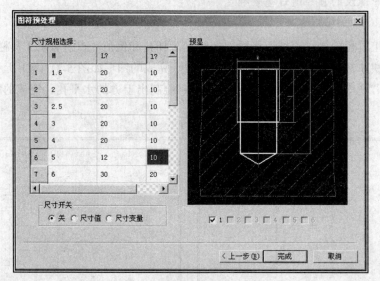

图 5-33 "图符预处理"对话框

 修改尺寸规格选择框中的数值时，先将光标置于数值上单击左键，该处出现框格，表示该数值被选中。再单击左键，将框格激活至编辑状态。

点击"图符预处理"对话框中的 完成 按钮，对话框消失，系统返回到绘图状态。此时可见被提取图形"挂"在十字光标上，随光标移动。立即菜单"1. 打散"，系统提示：

图符定位点:（利用导航捕捉功能确定）

图符旋转角度[0 度]: 90✓

绘制出的螺纹盲孔，如图 5-34（a）所示。

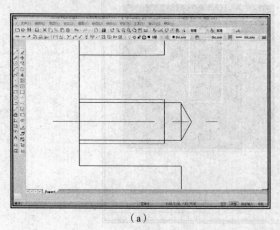

（a）

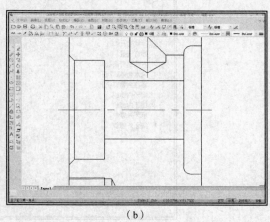

（b）

图 5-34 绘制主视图（四）

（4）绘制倒角和圆角。点击编辑工具栏中的"过渡"图标□，将立即菜单改为"1. 内倒

角"、"2. 长度 1.5"、"3. 角度 45",系统提示:

　　拾取第一条直线:(拾取 $\phi27$ 上面轮廓线)

　　拾取第二条直线:(拾取右端面线)

　　拾取第三条直线:(拾取 $\phi27$ 下面轮廓线,完成倒角的绘制)

　　点击右键或✓,再次激活"过渡"命令,将立即菜单设置为"1. 圆角"、"2. 裁剪"、"3. 半径 2",系统提示:

　　拾取第一条曲线(拾取 $\phi35$ 左端面线)

　　拾取第二条曲线(拾取 $\phi35$ 上面轮廓线,完成上面圆角的绘制)

　　重复执行"过渡"命令,绘制下面圆角,完成的图形,如图 5-34(b)所示。

　　(5)绘制倒角和螺孔的左视图。点击绘图工具栏中的"圆"图标⊙,绘制出倒角圆、螺孔,将大径修改为细实线。

　　点击编辑工具栏中的"裁剪"图标✕,用"快速裁剪"方法,裁剪多余的图线。

　　阵列螺孔。点击编辑工具栏中的"阵列"图标▦,绘制出的图形如图 5-35 所示。

　　(6)绘制剖面线。点击绘图工具栏中的"剖面线"图标▨,采用系统默认的立即菜单,系统提示:

　　拾取环内一点:(在图中待画剖面线的封闭环内拾取点,系统自动搜索最小内环,并将其边界变为红色)

　　点击右键确认,完成剖面线的绘制,所绘制的端盖视图如图 5-36 所示。

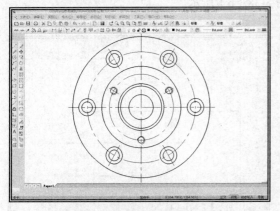 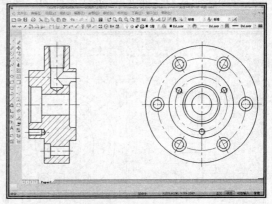

图 5-35　绘制倒角和螺孔左视图　　　　　图 5-36　绘制剖面线

4. 标注尺寸

　　(1)设置文字参数。与任务一相同,不再赘述。

　　(2)设置标注参数。与任务一相同,不再赘述。

　　(3)设置尺寸标注样式。如图 5-37 所示,设置尺寸风格"1",除将右箭头设为"无",其余同前,在此不再赘述。

　　(4)标注线性尺寸。点击标注工具栏中的"尺寸标注"图标⊟,选择"基本标注"或"半标注"方式,标注出所有线性尺寸。

　　(5)标注直径及半径尺寸。选择"基本标注"方式,标注出圆的直径、圆弧的半径,如图 5-38(a)所示。

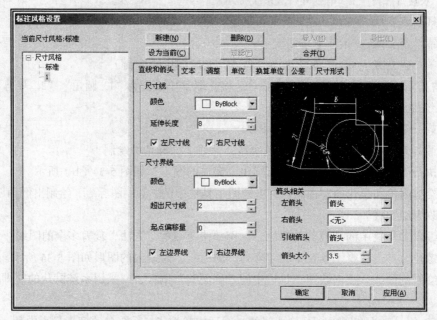

图 5-37　设置尺寸标注样式

（6）标注连续尺寸。选择"连续标注"方式，设置尺寸标注样式为"1"，标注尺寸 5，设置尺寸标注样式为"标准"，标注尺寸 20，如图 5-38（b）所示。

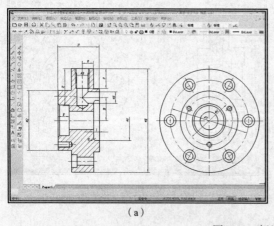
（a）

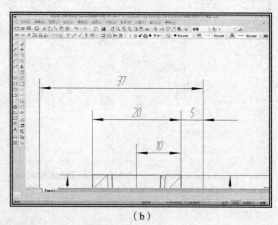
（b）

图 5-38　标注尺寸（一）

（7）标注螺孔和阶梯孔的尺寸。点击标注工具栏中的"引出说明"图标 ，弹出"引出说明"对话框，如图 5-39 所示，在"上说明"窗口输入 3×M5，点击插入选项箭头，选中"尺寸特殊符号"选项，弹出"标注特殊说明"对话框，选中"深度"，如图 5-40 所示，点击 确定 按钮，返回"引出说明"对话框，完成"上说明"、"下说明"的输入，如图 5-41 所示。点击 确定 按钮，系统提示：

第一点：（拾取螺纹图符定位点，光标拖动出引线，移动光标至适当位置，单击左键，标注出螺纹尺寸）

图 5-39　"引出说明"对话框　　图 5-40　"标注特殊说明"对话框　　图 5-41　"引出说明"对话框

重复同样操作，完成引出的尺寸标注，如图 5-42（a）所示。

（8）标注倒角尺寸。点击标注工具栏中的"倒角标注"图标，系统提示：

拾取倒角线：（在主视图中拾取倒角斜线）

尺寸线位置：（将立即菜单中的倒角尺寸值修改为"C1.5"，移动光标至适当位置，单击左键，注出倒角尺寸，如图 5-42（b）所示）

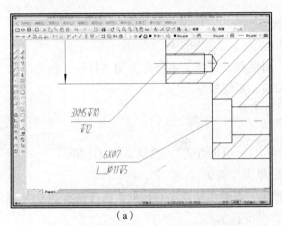

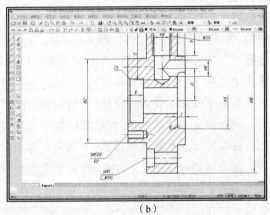

（a）　　　　　　　　　　　　　　　　　　（b）

图 5-42　标注尺寸（二）

（9）标注公差尺寸。在"基本标注"方式下，拾取 ϕ16 孔的两条素线，将尺寸线拖动到合适位置后点击右键，弹出"尺寸标注属性设置"对话框，如图 5-43 所示，设置对话框中的各项内容如下：

图 5-43　"尺寸标注属性设置"对话框

尺寸前缀：%c

基本尺寸：16

输入形式：偏差

输出形式：偏差

上偏差：+0.018

下偏差：0

点击 确定(O) 按钮，注出该孔的直径及其尺
寸偏差。

重复同样操作，根据需要设置各项内容，
完成尺寸公差的标注，如图 5-44 所示。

5. 标注表面结构要求

（1）设置粗糙度风格。与任务一相同，不
再赘述。

（2）标注表面结构要求。点击标注工具栏
中的"粗糙度"图标 √，将立即菜单改为"1. 标

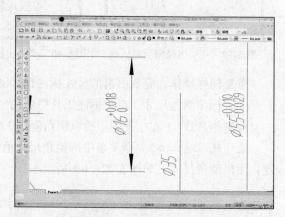

图 5-44　标注尺寸（三）

准标注"、"2. 默认方式"，弹出"表面粗糙度"对话框，选择基本符合为加工符号，在窗口中
输入 Ra1.6，与图 5-19 所示相同，点击 确定 按钮，系统提示：

拾取定位点或直线或圆弧：（拾取 φ27H8 尺寸界线）

拖动确定标注位置：（在适当位置单击左键）

拾取定位点或直线或圆弧：（切换立即菜单为"2. 引出方式"，拾取 φ90 右端面）

拖动确定标注位置：（拖动光标至适当位置，单击左键）

点击立即菜单"1. 标准标注"选项箭头，弹出"表面粗糙度"对话框，选择基本符号为毛
坯符号，在窗口中输入 Ra25，点击 确定 按钮，系统提示：

拾取定位点或直线或圆弧：（拾取 φ35 左端面）

拖动确定标注位置：（拖动光标至适当位置，单击左键）

标注的表面结构要求，如图 5-45（a）所示。

其他表面结构要求统一标注在标题栏附近，如图 5-45（b）所示。

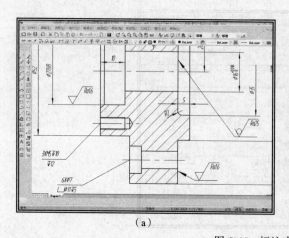

（a）

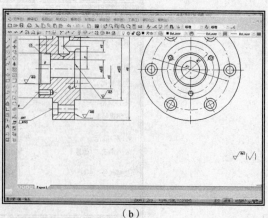

（b）

图 5-45　标注表面结构要求

6. 标注剖切位置

点击标注工具栏中的"剖切符号"图标 ，将立即菜单设置为"1. 剖面名称 B"、"2. 不垂直导航"，系统提示：

画剖切轨迹（画线）:（用光标确定剖切轨迹后，点击右键）

请单击箭头选择剖切方向:（此时在剖切轨迹线两侧出现方向箭头，点击左侧箭头）

指定剖面名称标注点:（此时代表剖面名称的字母"挂"在十字光标上。移动光标至合适位置，单击左键）

指定剖面名称标注点:（移动光标至另一处位置，单击左键）

指定剖面名称标注点:（点击右键，结束命令）

完成的剖切标注如图 5-46 所示。

7. 标注技术要求

点击标注工具栏中的"技术要求"图标 ，设置过程同前面不再赘述。系统提示：

第一角点:（在适当位置指定技术要求标注区域的第一角点）

第二角点:（在适当位置指定技术要求标注区域的第二角点）

完成技术要求的注写，如图 5-47 所示。

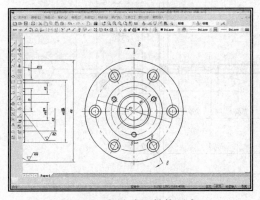

图 5-46　标注表面结构要求

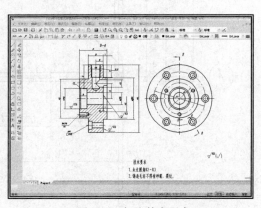

图 5-47　标注技术要求

8. 整理及存储图形文件

（1）检查全图，用"平移"命令调整各图形之间的距离。

（2）点击常用工具栏中的"显示全部"图标 ，使所绘图形充满屏幕。

（3）点击"保存文件"图标 存储文件。

任务三

绘制建筑平面图

一、任务要求

按 1∶100 的比例，抄画图 5-48 所示建筑平面图，并标注尺寸，将所绘图形存盘，文件名：

"5-3 建筑平面图"。

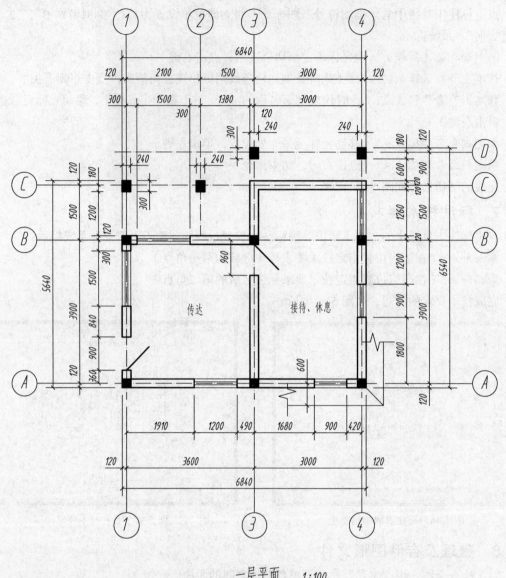

<u>一层平面</u> 1:100

图 5-48　建施平面图

二、相关知识

通过本项任务的实施过程，熟悉绘制建筑平面图的方法和步骤；掌握建筑平面图的尺寸标注方法。

三、任务实施

1. 设置绘图比例

点击主菜单中的【图幅】→【图纸幅面】命令，弹出"图幅设置"对话框，设置绘图比例为"1∶100"，如图 5-49 所示。

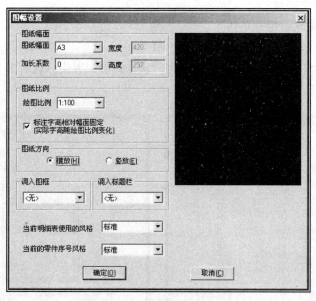

图 5-49　"图幅设置"对话框

2．绘制平面图

（1）绘制轴线。将中心线层设为当前层。点击绘图工具栏中的"直线"图标，将绘制直线的立即菜单设置为"1．两点线"、"2．连续"，系统提示：

第一点（切点，垂足点）：（在屏幕拾取任意点，单击左键）

第二点（切点，垂足点）：（向右移动光标）6640✓

第三点（切点，垂足点）：（向上移动光标）6300✓

点击绘图工具栏中的"等距线"图标，根据图形中的尺寸设置距离，绘制所有轴线，完成的图形如图 5-50（a）所示。

点击编辑工具栏中的"拉伸"图标，拉伸轴线，完成的图形如图 5-50（b）所示。

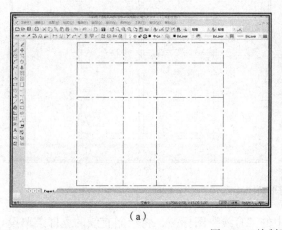
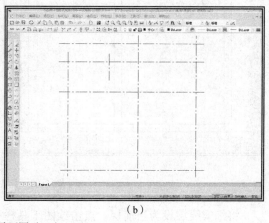

（a）　　　　　　　　　　　　　　　　　（b）

图 5-50　绘制平面图（一）

（2）绘制墙体和柱子。将 0 层设为当前层。点击绘图工具栏中的"等距线"图标，将立即菜单设置为"1. 单个拾取"、"2. 指定距离"、"3. 双向"、"4. 空心"方式，距离设置为"120"，份数设置为"1"，系统提示：

拾取曲线：（拾取轴线绘制墙体）

重复"等距线"操作，绘制的图形如图 5-51（a）所示。

点击编辑工具栏中的"裁剪"图标，用"快速裁剪"方法，裁剪多余的图线。完成的图形如图 5-51（b）所示。

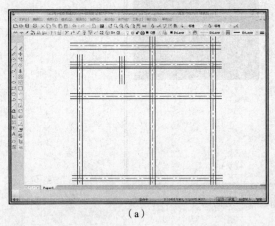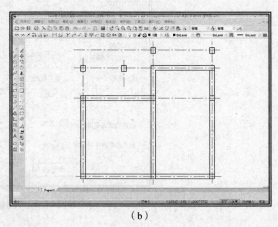

（a）　　　　　　　　　　　　（b）

图 5-51　绘制平面图（二）

（3）绘制窗和门。点击绘图工具栏中的"等距线"图标，将立即菜单设置为"1. 单个拾取"、"2. 指定距离"、"3. 单向"、"4. 空心"方式，根据图形尺寸设置距离，绘制窗框。点击编辑工具栏中的"裁剪"图标，用"快速裁剪"方法，裁剪多余的等距线，完成的图形如图 5-52（a）所示。

重复"裁剪"命令，用"快速裁剪"方法，裁剪多余的墙体线。完成的图形如图 5-52（b）所示。

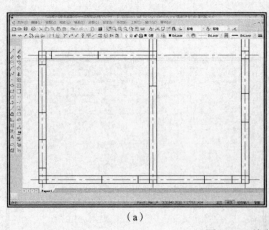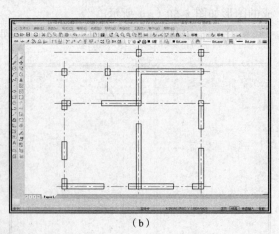

（a）　　　　　　　　　　　　（b）

图 5-52　绘制平面图（三）

将细实线层设为当前层。点击绘图工具栏中的"直线"图标，将绘制直线的立即菜单设置为"1. 两点线"、"2. 单根"，系统提示：

第一点（切点，垂足点）：（拾取左边窗框，单击左键）

第二点（切点，垂足点）:（拾取右边窗框）✓

点击绘图工具栏中的"等距线"图标🔩，将立即菜单设置为"1. 单个拾取"、"2. 指定距离"、"3. 单向"、"4. 空心"方式，距离设置为"80"，份数设置为"3"，系统提示：

拾取曲线:（拾取窗户投影细实线，绘制窗户的图形，如图5-53（a）所示）

重复"等距线"操作，绘制出所有窗户的图形，如图5-53（b）所示。

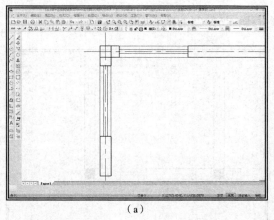
(a)

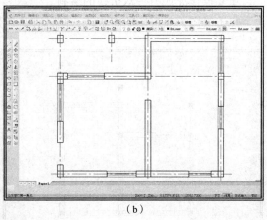
(b)

图 5-53　绘制平面图（四）

点击绘图工具栏中的"圆"图标⊙，将立即菜单设置为"1. 圆心_半径"、"2. 直径"、"3. 无中心线"，系统提示：

圆心点:（拾取门框一点）

输入直径或圆上一点: 1800✓

点击绘图工具栏中的"直线"图标✐，绘制角度线。重复操作，绘制的图形如图5-54（a）所示。

点击编辑工具栏中的"删除"图标✐，删除圆，绘制完成的图形如图5-54（b）所示。

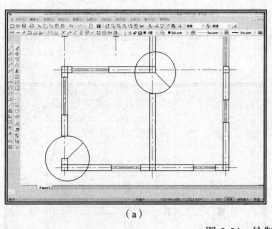
(a)

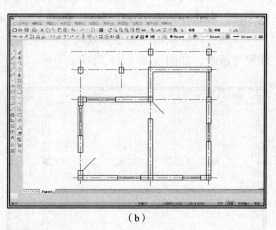
(b)

图 5-54　绘制平面图（五）

（4）填充柱子。点击绘图工具栏中的"填充"图标◉，系统提示：

拾取环内一点:（在图中待填充的封闭环内依次拾取点，系统自动搜索最小内环，并将其边界变为红色）

点击右键确认，完成填充绘制，所绘制的图形如图 5-55（a）所示。

（5）绘制散水。将细实线层设为当前层，点击绘图工具栏中 II 的"双折线"图标，设置立即菜单为"1．折点个数"、"2．个数=1"，系统提示：

拾取直线或第一点：（在轴线的适当位置拾取一点）

第二点：（在屏幕的适当位置拾取一点）

重复操作完成另一双折线的绘制。

点击绘图工具栏中的"直线"图标，绘制直线，所绘制的图形如图 5-55（b）所示。

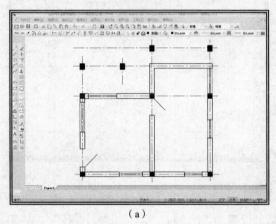
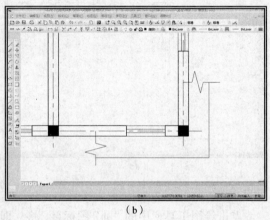

（a）　　　　　　　　　　　　　　　　　（b）

图 5-55　绘制平面图（六）

3．标注尺寸

（1）设置文字参数。方法同前，不再赘述。

（2）设置标注参数。方法同前，不再赘述。

（3）设置标注样式。方法同前，不再赘述。

（4）标注线性尺寸。点击标注工具栏中的"尺寸标注"图标，选择"基本标注"或"连续标注"方式，标注出线性尺寸，如图 5-56（a）所示。

采用"尺寸编辑"命令修改尺寸，将连续小尺寸的尺寸数字移动到适宜的位置，以保证所注尺寸清晰，如图 5-56（b）所示。

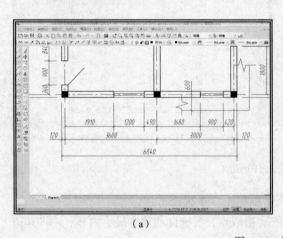
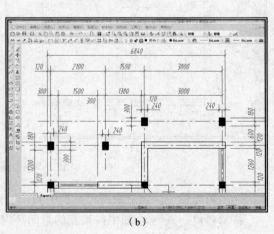

（a）　　　　　　　　　　　　　　　　　（b）

图 5-56　标注尺寸

4. 标注轴线

（1）标注东西轴线。点击绘图工具栏中的"直线"图标，将绘制直线的立即菜单设置为"1. 两点线"、"2. 单根"，系统提示：

第一点（切点，垂足点）：（捕捉轴线端点，单击左键）

第二点（切点，垂足点）：（向下移动光标）2200↙

点击绘图工具栏中的"圆"图标，将立即菜单设置为"1. 圆心_半径"、"2. 直径"、"3. 无中心线"，系统提示：

圆心点：@0，-350↙

输入直径或圆上一点：700↙

点击绘图工具栏中的"文字"图标，将立即菜单设置为"1. 搜索边界"、"2. 边界间距：0"，系统提示：

拾取环内一点：（在 ϕ700 圆内拾取一点）

系统弹出"文本编辑器"对话框，选择文字对齐方式，点击"左右居中"图标和"上下居中"图标。选择任意一种中文输入方式，在对话框的输入窗口输入"1"，点击 确定 按钮。根据需要重复操作（或采用"复制"命令）完成东西轴线的标注，如图 5-57（a）所示。

（2）标注南北轴线。重复上述操作完成南北轴线的标注，与标注东西轴线不同的是，按《建筑制图国家标准》规定，竖直方向轴线的名称用字母表示，如图 5-57（b）所示。

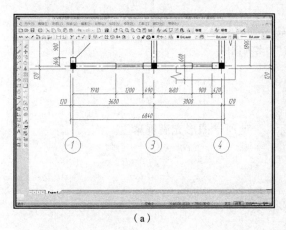
（a）

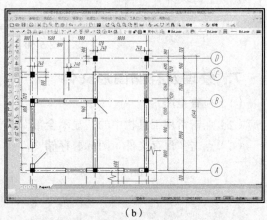
（b）

图 5-57　标注轴线

完成尺寸和全部轴线的标注，如图 5-58 所示。

5. 标注房间名称

点击绘图工具栏中的"文字"图标，输入房间名称，如图 5-59 所示。

6. 标注图名和比例

点击绘图工具栏中的"文字"图标，输入图名和比例，点取绘图工具栏中的"直线"图标，在"平面图"下面画出直线，如图 5-60 所示。

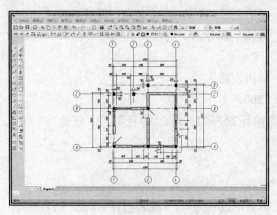

图 5-58　标注尺寸和轴线

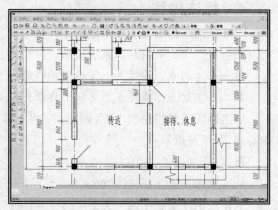

图 5-59　标注房间名称

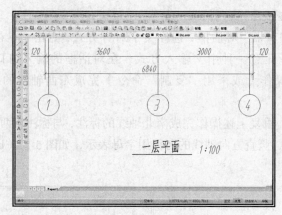

图 5-60　标注图名和比例

7. 整理及存储图形文件

（1）检查全图。

（2）点击常用工具栏中的"显示全部"图标，使所绘图形充满屏幕。

（3）点击"保存文件"图标存储文件。

任务四

绘制推杆阀装配图

一、任务要求

根据图 5-1、图 5-61 所示的推杆阀零件图、图 5-62 所示图框、标题栏和明细栏的尺寸及格式、图 5-63 所示装配示意图，按 1∶1 的比例，绘制推杆阀装配图，将所绘图形存盘，文件名："5-4 推杆阀装配图"。

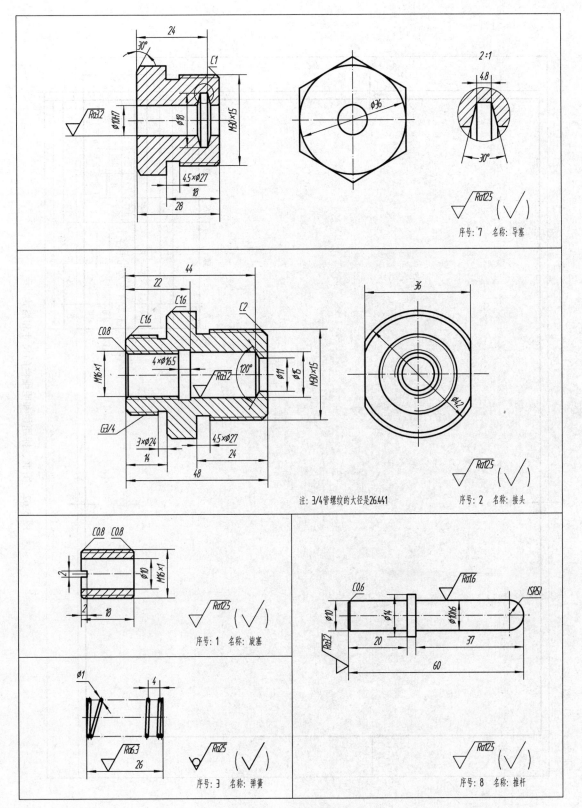

图 5-61 推杆阀零件图

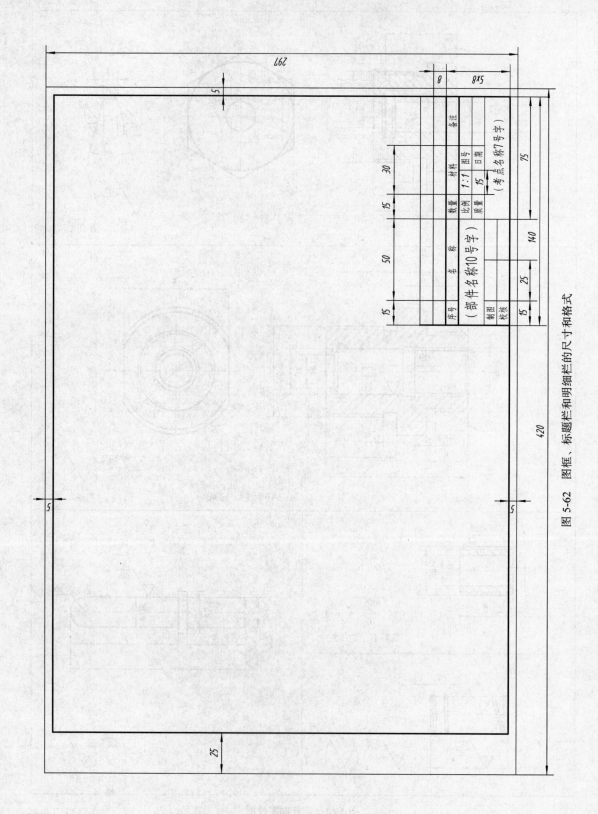

图 5-62　图框、标题栏和明细栏的尺寸和格式

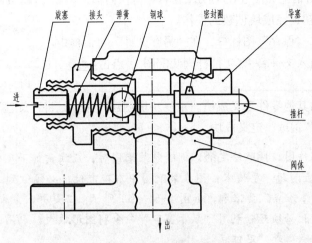

图 5-63　推杆阀装配示意图

二、相关知识

通过本项任务的实施过程，掌握块生成、块插入、块消隐的方法，零件序号的标注方法。熟悉绘制装配图的方法和步骤，进一步培养绘制工程图样的能力和技巧。

三、任务实施

1. 绘制各零件图形并定义成块

因装配图上只需要各零件的部分图形，故不可盲目照抄已知的零件图，更不需要抄注零件图上的尺寸。由于绘制零件图的方法在前面已详细介绍，这里不再赘述。

（1）将阀体定义成块。点击绘图工具栏中的"块创建"图标，系统提示：

拾取元素：（拾取阀体图形作为构成块的图形元素，点击右键确认）

基准点：（拾取阀体主视图底边与轴线的交点作为基准点，如图 5-64（a）所示）

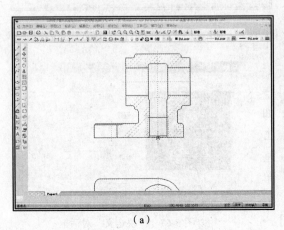

（a）

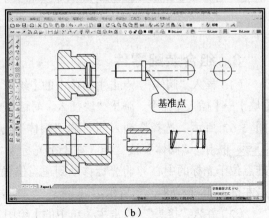

（b）

图 5-64　绘制零件图形并定义成块

弹出"块定义"对话框如图 5-65 所示，在名称窗口内输入"阀体"，点击 <u>确定(O)</u> 按钮，完成块创建的操作。

存储文件。点击"保存"图标 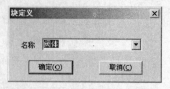，在"另存文件"对话框中的文件名输入框内输入文件名"5-4 推杆阀装配图"，点击 <u>保存(S)</u> 按钮存储文件。

图 5-65　"块定义"对话框

（2）将推杆阀的其他零件定义成块。重复"块创建"命令，将"旋塞"、"接头"、"推杆"、"导塞"、"弹簧"和"钢球"定义成块。

根据零件图，按照给定的比例绘制装配图时，应注意如下几个问题。

① 定位问题。要使零件图在装配图中准确定位，必须做到二个准确：一是制作块时的"基准点"要准确，如图 5-64（b）所示；二是并入装配图时的"定位点"要准确。因此必须充分利用"显示窗口"命令将图形放大，利用工具点捕捉后，再输入"基准点"或"定位点"。

② 可见性问题。CAXA 电子图板提供的块消隐功能，可显著提高绘图效率。

2. 调入图框，绘制标题栏和明细栏

（1）点击主菜单中的【图幅】→【图纸幅面】命令，弹出"图幅设置"对话框，在对话框中选择图纸幅面为"A3"，绘图比例为"1：1"，图纸方向为"横放"，调入图框名称为"HENGA3"，如图 5-66（a）所示。

（2）绘制标题栏，明细栏。方法同前不再赘述。如图 5-66（b）所示。

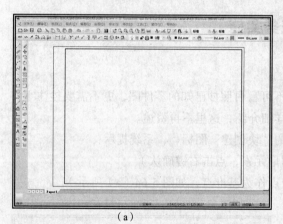

（a）

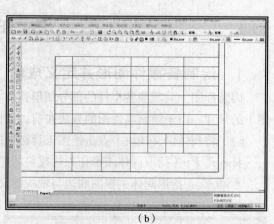

（b）

图 5-66　绘制边框和标题栏、明细栏

3. 组合装配零件

（1）插入"阀体"。点击主菜单中的【绘图】→【块】→【插入】命令，弹出"块插入"对话框，如图 5-67 所示。选择块插入的名称"阀体"，点击 <u>确定(O)</u> 按钮。"阀体"被"挂"在十字光标上（基准点位于光标的中心），将光标移动到适当位置，单击左键，如图 5-68（a）所示。

（2）并入"接头"。点击主菜单中的【绘图】→

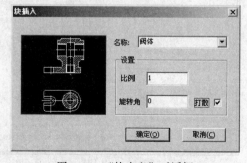

图 5-67　"块定义"对话框

【块】→【插入】命令，弹出"块插入"对话框，选择块插入的名称"接头"，点击 [确定(O)] 按钮，"接头"被"挂"在十字光标上（基准点位于光标的中心）随光标移动，捕捉阀体左端面与孔轴线的交点，如图 6-68（b）所示。单击左键，完成"接头"的并入，如图 5-69（a）所示。

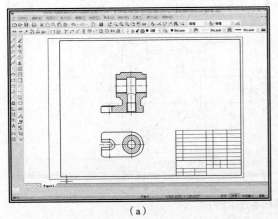
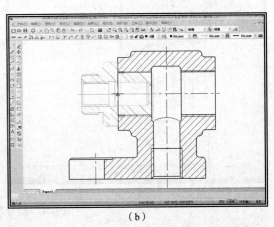

（a）　　　　　　　　　　　　　　　（b）

图 5-68　组合装配零件（一）

点击主菜单中的【绘图】→【块】→【消隐】命令，将立即菜单设置为"1. 消隐"，系统提示：

请拾取块引用：（拾取"接头"任意一点，单击左键，"阀体"被"接头"遮挡的线条自动消除，如图 5-69（b）所示）

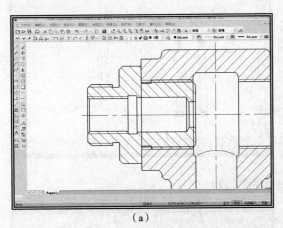
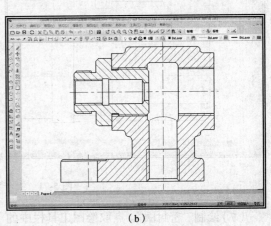

（a）　　　　　　　　　　　　　　　（b）

图 5-69　组合装配零件（二）

（3）并入"导塞"。点击主菜单中的【绘图】→【块】→【插入】命令，完成"导塞"的并入。

点击主菜单中的【绘图】→【块】→【消隐】命令，将立即菜单设置为"1. 消隐"，系统提示：

请拾取块引用：（拾取"导塞"的任意一点，单击左键，"阀体"被"导塞"遮挡的线条自动消除，如图 5-70（a）所示）

（4）并入"推杆"。重复"块插入"、"块消隐"操作，并入"推杆"。

点击主菜单中的【绘图】→【块】→【块在位编辑】命令，系统提示：

拾取要编辑的块:（拾取"导塞"，其余投影变成灰色，点击"从块内移出"按钮，删除T图形框内多余的图线，点击"保存退出"按钮，完成的图形如图5-70（b）所示）

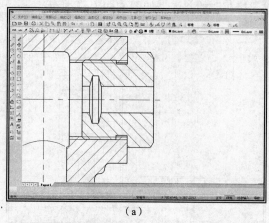
（a）

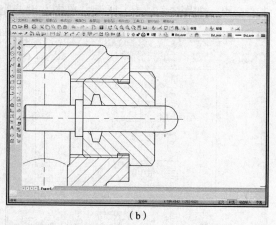
（b）

图5-70 组合装配零件（三）

（5）并入"旋塞"。重复"块插入"、"块消隐"操作，完成图形如图5-71（a）所示。

（6）并入"弹簧"和"钢球"。重复"块插入"、"块消隐"操作，完成图形如图5-71（b）所示。

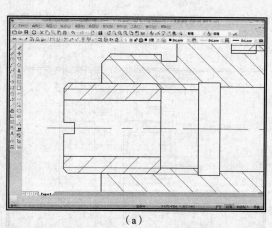
（a）

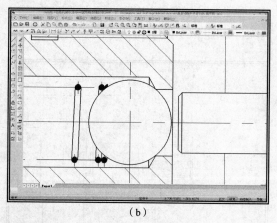
（b）

图5-71 组合装配零件（四）

（7）绘制"密封圈"。点取绘图工具栏中的"剖面线"图标，在T形框内绘制剖面线，完成图形如图5-72所示。

4. 标注尺寸

（1）设置文字参数。方法同前不再赘述。

（2）设置标注参数。方法同前不再赘述。

（3）设置标注样式。方法同前不再赘述。

（4）标注尺寸。点击标注工具栏中的"尺寸标注"图标，选择"基本标注"或"基准标注"方式，标注出线性尺寸。点击标注工具

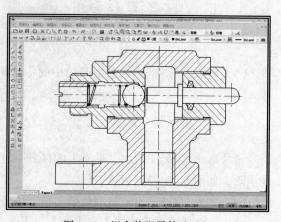

图5-72 组合装配零件（五）

栏中的"引出说明"图标 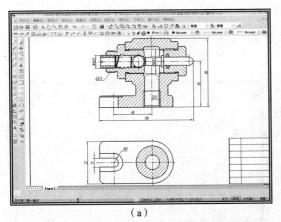，标注螺纹尺寸，如图 5-73（a）所示。

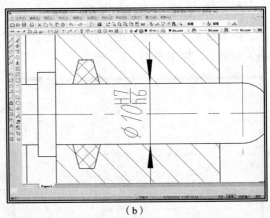

| （a） | （b） |

图 5-73 标注尺寸

标注配合尺寸。在"基本标注"方式下，拾取 ϕ10 孔的两条素线，将尺寸线拖动到合适位置后点击右键，弹出"尺寸标注属性设置"对话框，如图 5-74 所示，设置对话框中的各项内容如下：

图 5-74 "尺寸标注属性设置"对话框

尺寸前缀：%c

基本尺寸：10

输入形式：配合

输出形式：代号

孔公差带：H7

轴公差带：h6

点击 确定(O) 按钮，注出配合尺寸如图 5-73（b）所示。

5. 标注剖切位置

点击标注工具栏中的"剖切符号"图标 ，将立即菜单设置为"1. 剖面名称 A"、"2. 垂直导航"，完成的剖切标注如图 5-75（a）所示。

6. 标注推杆运动方向

点击绘图工具栏中Ⅱ的"箭头"图标，绘制箭头，点击绘图工具栏中的"文字"图标，
输入字母 B，如图 5-75（b）所示。

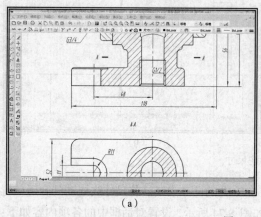
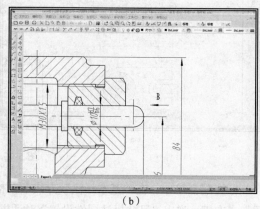

（a） （b）

图 5-75　标注尺寸

7. 标注零件序号

点击主菜单中的【幅面】→【序号】→【生成】命令，弹出零件序号立即菜单，如图 5-76
所示。系统所示：

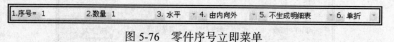

图 5-76　零件序号立即菜单

引出点：（在旋塞的可见轮廓线内指定"引出点"，拖动出标注序号的引线）

转折点：（在适当位置指定"转折点"，标注出序号 1）

此时立即菜单"1：序号"自动变更为"2"，系统继续提示：

引出点：（在接头的可见轮廓线内指定"引出点"，拖动出标注序号的引线）

转折点：（移动光标，使之与旋塞的序号出现相连的虚线时单击左键，标注出的序号 2，如
图 5-77（a）所示）

重复操作，标注出装配图上的所有序号，如图 5-77（b）所示。

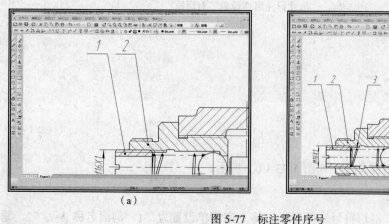
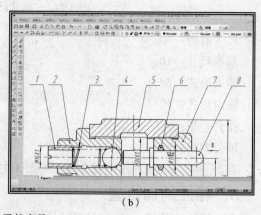

（a） （b）

图 5-77　标注零件序号

8. 填写标题栏明细栏

点击绘图工具栏中的"文字"图标 A，填写标题栏明细栏的内容，如图 5-78 所示。完成的推杆阀装配图，如图 5-79 所示。

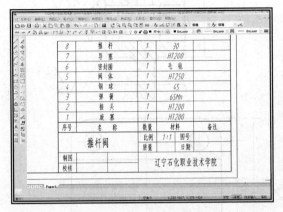

图 5-78　标注零件序号

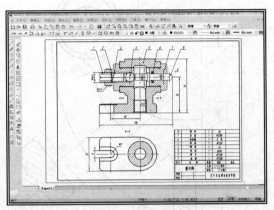

图 5-79　推杆阀装配图

9. 整理及存储图形文件

（1）检查全部内容，修改完善。

（2）点击常用工具栏中的"显示全部"图标，使所绘图形充满屏幕。

（3）点击"保存文件"图标存储文件。

能力训练（五）

训练项目（1）

① 按 1∶1 比例绘制图 5-80 所示踏脚座零件图。

② 标注尺寸、表面粗糙度和技术要求。

③ 将所绘图形满屏显示，以"学号加姓名加项目×"为文件名存盘。

训练项目（2）

① 按 1∶1 比例绘制图 5-81 所示阀杆零件图。

② 标注尺寸、表面粗糙度和技术要求。

③ 将所绘图形满屏显示，以"学号加姓名加项目×"为文件名存盘。

训练项目（3）

① 按 1∶50 的比例，抄画图 5-82 所示台阶的正立面图、平面图和 1-1 剖面图。

② 标注尺寸。

③ 将所绘图形满屏显示，以"学号加姓名加项目×"为文件名存盘。

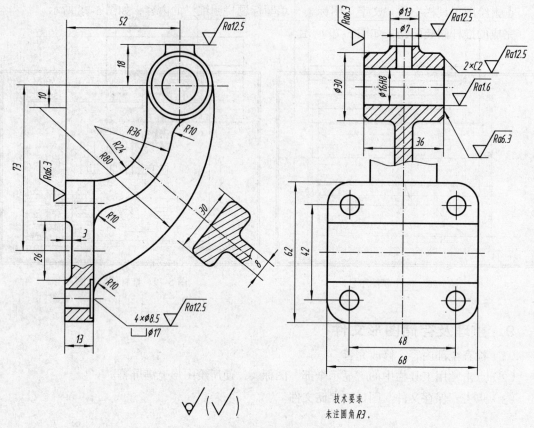

图 5-80　训练项目（1）

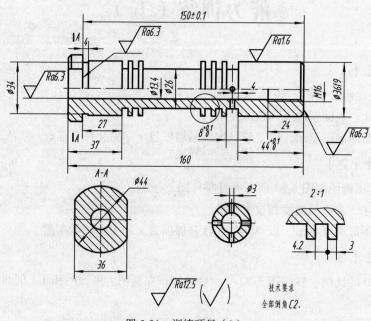

图 5-81　训练项目（2）

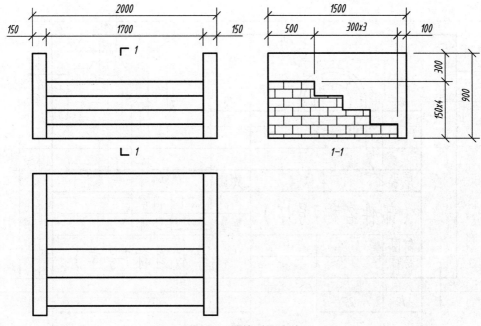

图 5-82　训练项目（3）

训练项目（4）

① 按 1：50 的比例，抄画图 5-83 所示楼梯间底层平面图。

② 标注尺寸及标高。

③ 将所绘图形满屏显示，以"学号加姓名加项目×"为文件名存盘。

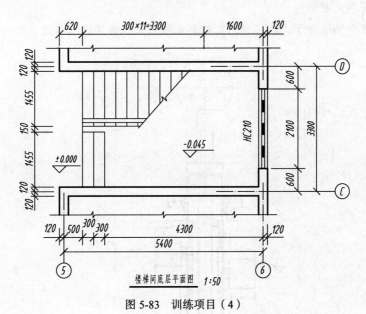

楼梯间底层平面图　1：50

图 5-83　训练项目（4）

训练项目（5）

① 根据手动气阀的零件图和装配示意图拼画装配图，比例 1：1。

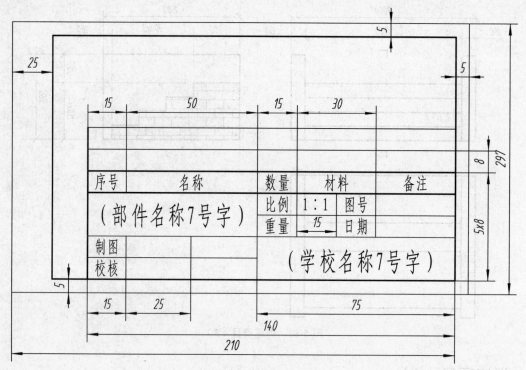

图 5-84　训练项目（5-1）

② 选用 A4 的图幅，标题栏及图框尺寸如图 5-84 所示。装配示意图和零件图如图 5-85 ~ 图 5-88 所示。

③ 标注序号和必要的尺寸。

④ 将所绘图形满屏显示，以"学号加姓名加项目×"为文件名存盘。

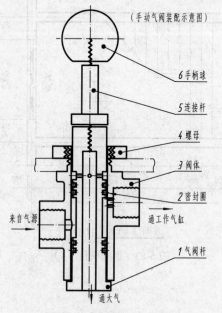

图 5-85　训练项目（5-2）

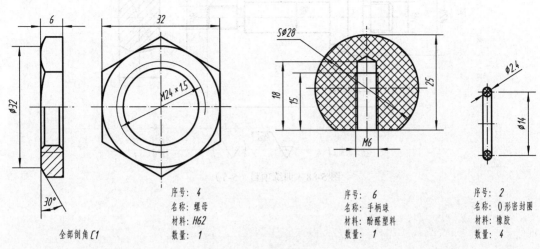

序号：4
名称：螺母
材料：H62
数量：1

全部倒角 C1

序号：6
名称：手柄球
材料：酚醛塑料
数量：1

序号：2
名称：O 形密封圈
材料：橡胶
数量：4

图 5-86　训练项目（5-3）

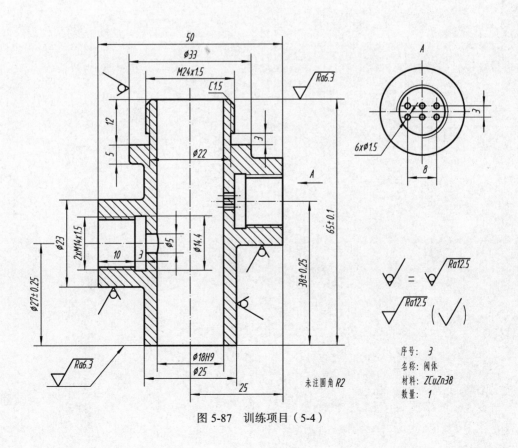

序号：3
名称：阀体
材料：ZCuZn38
数量：1

图 5-87　训练项目（5-4）

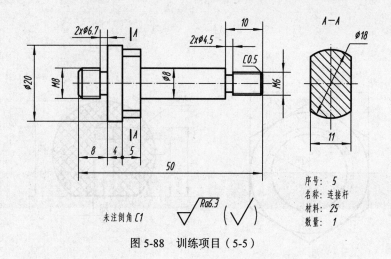

未注倒角 C1

序号：5
名称：连接杆
材料：25
数量：1

图 5-88　训练项目（5-5）

项目六

电子图板辅助功能的操作

【能力目标】

1. 掌握打印输出时打印参数的设置方法，能正确地输出图形。
2. 掌握打印排版功能，并进行人工调整及重新排版，进行批量打印图样。
3. 掌握界面定制的方法，能进行工具栏及快捷键的定制。

任务一

打印排版操作

一、进入打印排版工具界面

打印排版功能主要用于批量打印图纸。该模块按最优的方式进行排版，可设置出图纸幅面的大小、图纸间的间隙，并且可手动调整图纸的位置，旋转图纸，并保证图纸不会重叠。

打印排版工具作为 CAXA 电子图板外挂的独立模块，可以从 CAXA 电子图板中启动，也可以独立于 CAXA 电子图板直接启动。

方法一 从 CAXA 电子图板中启动

点击主菜单中的【工具】→【外部工具】→【打印工具】命令，即可起动打印排版功能，进入打印排版工具界面。

方法二 直接启动

点击状态栏中的【开始】→【程序】→【CAXA】→【CAXA 电子图板 2009 机械版】→【CAXA 打印工具】命令，也可起动打印排版功能，进入打印排版工具界面。

图 6-1 所示为打印排版工具界面，由以下几个区域组成。

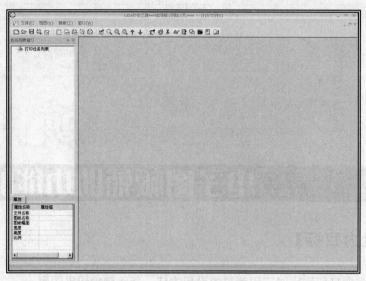

图 6-1　打印排版工具界面

1. 标题行

标题行位于界面的最上边一行。左边为窗口图标，其后显示当前文件名。右端依次为"最小化" ▬ 、"最大化/还原" 🗗 和"关闭" ✕ 三个图标按钮。

2. 主菜单行

主菜单行位于标题行下方，它由一行主菜单及其下拉子菜单组成。点击任意一项主菜单，可产生相应的下拉菜单。

3. 工具栏

工具栏位于主菜单行下方，由若干图标组成的条状区域。

4. 打印任务列表框

位于工具栏左下方，将插入的排版文件列表显示。

5. 图形文件预览及属性框

位于打印任务列表框下方，显示选中图形文件的内容及属性。

6. 排版预览框

占据界面的右侧的大片区域，显示当前的排版状况。

二、打印排版常用命令

电子图板的打印工具支持同时处理多个打印文件，每个打印作业可以进行新建，打开，保存，另存为和关闭等文件操作。

1. 新建文件

点击标准工具栏中的"新建"图标 ▢ ，进入图 6-1 所示的打印排版工具界面，新建一个打印文件。

2. 插入/删除文件

使用打印工具打印时，要插入打印图纸。点击组建工具栏"图纸插入"按钮⊡，弹出"选择图纸，添加打印单元"对话框，如图6-2所示。

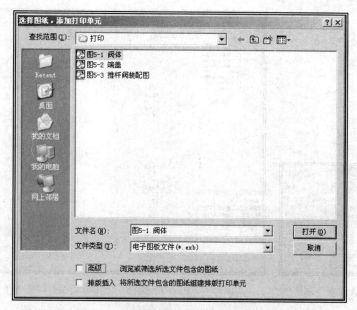

图 6-2 "选择图纸，添加打印单元"对话框

点击 打开⑨ 按钮，在预览区可以查看该图纸的图形信息，如图6-3所示。

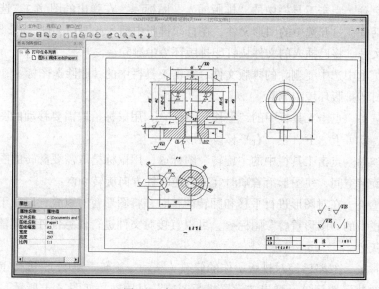

图 6-3 打开一个图形文件

3. 设置排版打印

在图 6-2 "选择图纸，添加打印单元"对话框中，进行图纸插入操作后，所插入的打印任务单元，显示在打印工具界面的打印任务列表窗口中。

不选中"排版插入"复选框时，所选择的图纸将组建多个排版打印单元；若选中此复选框时，所选择的图纸将组建一个排版打印单元，此时点击 打开(0) 按钮，弹出如图 6-4 所示"设置排版图幅"对话框，可以设置排版图幅 A0，在"图纸边框放大"文本框中设置图纸边框间保留的间距值为 0，点击 确定 按钮，进入排版设置界面，如图 6-5 所示。

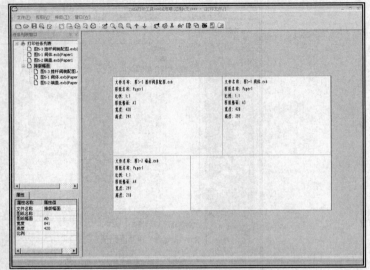

图 6-4　"设置排版图幅"对话框　　　　图 6-5　选择一个排版幅面打印任务单元

在预览区可以查看该幅面上的图纸信息，可以对它进行打印设置。

常用排版设置和操作包括：

（1）插入文件　点击工具栏中的"排版插入"图标，在弹出的图 6-2"选择图纸，添加打印单元"对话框，打开选中的图形文件，在打印排版中插入此图形文件。

（2）删除文件　将已插入的文件从打印排版环境中删除。

在排版预览框中选中要删除的排版文件，点击工具栏中的"删除"图标，即可将所选的图形文件，从打印排版环境中删除。

（3）平移调整　点击工具栏中的"平移"图标，用鼠标拾取需要移动的图形，然后按住左键拖动鼠标，就可上、下、左、右平移该图形。

（4）翻转调整　点击工具栏中的"旋转"图标，用鼠标拾取需要翻转的图形，系统自动计算其两侧的旋转空间，使图形沿着顺时针或者逆时针方向旋转 90°。

（5）图形重叠　在对图形进行平移和翻转调整时，将图形暂时重叠，以便于图形位置的调整。点击工具栏中的"图形重叠"图标，可以直接对文件进行任意位置的调整。图形的重叠部分将显示为灰色。

（6）重新排版　忽略已经对排版所作的修改（移动、旋转、删除），进行重新排版。点击工具栏中的"重排"图标，弹出"设置排版图幅"对话框，如图 6-4 所示。在对话框中重新选择打印幅面大小和图纸间距，点击 确定 按钮，系统将对打开的多个图形文件进行重新排版。

此外，选中任意一个图形，点击右键，会弹出各项功能的选项菜单，如图 6-6 所示。可从中选择相应命令进行操作。

（7）真实显示　点击工具栏中的"真实显示"图标，如图 6-7 所示。

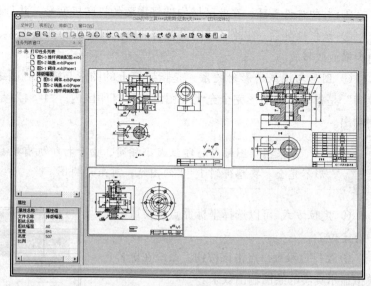

图 6-6　右键选项菜单

图 6-7　真实显示效果

（8）幅面检查功能　检查图纸是否超出其幅面设置，以免图纸错位。

点击工具栏中的"幅面检查"图标 ，弹出图 6-8 所示的提示框。

绘图输出的功能，是将排版完毕的图形按一定要求由绘图设备输出图形。

CAXA 电子图板的绘图输出功能，采用 Windows 的标准输出接口，因此可以支持任何 Windows 支持的打印机。在 CAXA 电子图板系统内，无须单独安装打印机，只需在 Windows 下安装即可。

点击"打印"图标 ，弹出"打印设置"对话框，如图 6-9 所示。在对话框中，可以进行线宽、映射关系、文字消隐、定位方式等一系列相关内容设置。

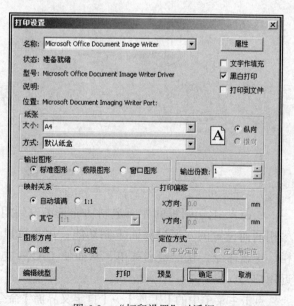

图 6-8　幅面检查结果提示

图 6-9　"打印设置"对话框

对话框中各选项的内容说明如下。

① 打印机设置区。在此区域内选择需要的打印机型号，并且相应地显示打印机的状态。

② 纸张设置区。在此区域内设置当前所选打印机的纸张大小、纸张来源，以及选择纸张方向为横放或竖放。

③ 图形与图纸的影射关系。是指屏幕上的图形与输出到图纸上图形的比例关系。"自动填满"是指输出的图形完全充满在图纸的可打印区内。"1：1"是指输出的图形按 1：1 的比例输出。

> 　　如果图纸图幅与打印纸大小相同，由于打印机有硬裁剪区，可能导致输出的图形不完全。要想得到 1：1 的图纸，可采用拼图。

④ 定位方式。可以选择坐标原点定位或图纸中心定位。

⑤ 预显 按钮。点击该按钮，系统在屏幕上模拟显示真实的绘图输出效果。

⑥ 编辑线型 按钮。点击该按钮，系统弹出"线型设置"对话框，如图 6-10 所示。在线宽的下拉列表框中，列出了国标规定的线宽系列值，可根据需要选取其中一组，也可在输入框中输入数值。设置完毕后点击 确定 按钮，返回到打印设置对话框。

⑦ 确定 按钮。点击该按钮，进行绘图输出。

⑧ 取消 按钮。点击该按钮，取消先前进行的打印设置。

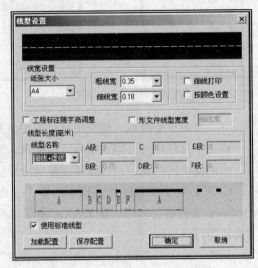

图 6-10　"线型设置"对话框

任务二

界面定制操作

一、概　述

CAXA 电子图板的界面定制功能是考虑到用户的工作习惯、工作重点、熟练程度等不尽相同而设置的。通过界面定制功能，用户可以根据自己的爱好，定制工具条、外部工具栏、键盘命令、快捷键和菜单，从而使 CAXA 电子图板操作更方便，界面更友好，更加贴近用户。

点击主菜单中的【工具】→【自定义界面】命令，弹出"自定义"对话框，如图 6-11 所示。对话框中包含命令、工具栏、工具、键盘、键盘命令和选项等六个选项卡，可以在对话框内，分别对它们进行定制。

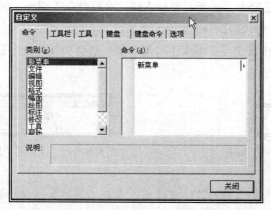

图 6-11   "自定义"对话框

二、工具栏定制

根据用户使用习惯，定制自己的工具栏。

在"自定义"对话框中点取"工具栏"选项卡，弹出工具栏定制对话框，如图 6-12 所示。用户可以根据自己的使用特点选取工具栏的内容。如果有特殊需要，还可以新建自定义的工具条。

【例题】   自定义"个性化"工具栏。

操作过程如下。

（1）点击主菜单中的【工具】→【自定义界面】命令，弹出"自定义"对话框。点取"工具栏"选项卡，出现工具栏定制对话框。

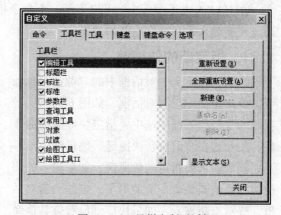

图 6-12   工具栏定制对话框

（2）点击 新建... 按钮，出现"工具条名称"对话框。在文本框中输入名称"个性化"，如图 6-13 所示。

（3）点击 确定 按钮，在"工具栏"中增加了"个性化"工具条，如图 6-14 所示。

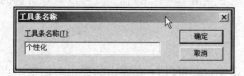

图 6-13   "工具条名称"对话框

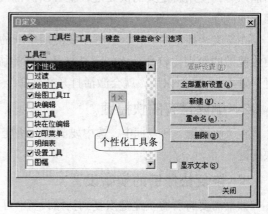

图 6-14   新增个性化工具条

（4）点击"命令"选项卡，选择需要加入到"个性化"工具条中的命令，按住鼠标左键，将其拖到新建的工具条中，如图 6-15 所示。

（5）如果在图 6-14 中选中"显示文本"复选框，就会在工具条中显示出图标的文本，如图 6-16 所示。

图 6-15　个性化工具条　　　　　　图 6-16　显示文本的个性化工具条

如果您想恢复原始的工具条设置，点击工具栏属性框中的 重新设置(R) 按钮即可。此外，还可以点击 删除(D) 按钮，删除定制的工具条。

三、快捷键定制

在 CAXA 电子图板中，可以为每一个命令指定一个或多个快捷键，对于常用的功能，可以通过快捷键来提高操作速度和效率。

1. 指定新的快捷键

点取"自定义"对话框中的"键盘"选项卡，弹出快捷键定制对话框，如图 6-17 所示。在"命令"列表框中选中要指定快捷键的命令后，用左键在"请按新快捷键"编辑框中点一下，然后输入要指定的快捷键。如果输入的快捷键已经被其他命令所使用了，则弹出新对话框，提示重新输入。如果快捷键没有被其他命令所使用，点击 指定(A) 按钮，即将这个快捷键添加到"快捷键"列表中。关闭"自定义"对话框以后，使用新定义的快捷键，就可以执行相应的命令。

图 6-17　快捷键定制对话框

在定义快捷键的时候，最好不要使用单个的字母作为快捷键，而是要加上 **Ctrl** 和 **Alt** 键，使快捷键的级别比较高。比如定义打开文件的快捷键为"O"，则输入平移的键盘命令 MOVE 时，输入了"O"以后，就会激活打开文件命令。

2. 删除已有的快捷键

在"快捷键"列表框中，选中要删除的快捷键，然后点击 删除(R) 按钮，就可以删除所选的快捷键。

3. 恢复快捷键的初始设置

如果需要将所有快捷键恢复到初始设置，可以点击 重新设置(S) 按钮，在弹出的提示对话框中点击 是(Y) 按钮，确认重置即可。重置快捷键以后，所有的自定义快捷键设置将丢失，因此进行重置操作时应该慎重。

能力训练（六）

训练项目

① 上机了解打印排版的用户界面、常用命令的功能和操作方法。

② 将已存盘的图形文件打印输出。

③ 利用 CAXA 电子图板的界面定制功能，定制更符合自己绘图习惯的用户界面。

附录A　CAXA电子图板2009机械版常用命令一览表

下 拉 菜 单		键盘命令（简化）	图标	快 捷 键	功　　能
文件操作	新建	New		Ctrl+N	选择模板建立一个图形文件
	打开	Open		Ctrl+O	打开一个图形文件
	关闭	Close		Ctrl+W	关闭一个图形文件
	保存	Save		Ctrl+S	存储当前文件
	另存为	Saveas		Ctrl+Shift+S	用另一文件名存储当前文件
	打印	Plot		Ctrl+P	在输出设备上输出图形文件
	退出	Quit		Alt+F4	退出CAXA电子图板系统，并对未存盘文件进行是否存盘的提示
编辑操作	撤销	Undo		Ctrl+Z	取消上一项的操作
	恢复	Redo		Ctrl+Y	恢复刚刚取消的操作
	选择所有	Selall		Ctrl+A	选择全部的实体
	剪切	Cutclip		Ctrl+X	将选定图形剪切到剪贴板上
	复制	Copyclip		Ctrl+C	将选定图形复制到剪贴板上
	粘贴	Pasteclip		Ctrl+V	将剪贴板上的图形，粘贴到当前文件中
	清除	Delete		Delete	删除所有已打开图层上符合拾取过滤条件的所有实体
视图操作	显示窗口	Zoom（Z）			用窗口方式将图形放大
	显示全部	Zoomall（ZA）		F3	在屏幕绘图区内显示全部图形
	显示复原	Home		Home	恢复图形的初始状态
	显示回溯	Prev (ZP)			取消当前显示，返回到显示变换前的状态
	显示放大	Zoomin		PageUp	按固定比例（1.25倍）将图形放大
	显示缩小	Zoomout		PageDown	按固定比例（0.8倍）将图形缩小

续表

下 拉 菜 单		键盘命令（简化）	图标	快 捷 键	功　能
视图操作	动态平移	Dyntrans		鼠标中键 /Shift+鼠标左键	拖动鼠标平行移动图形
	动态缩放	Dynscale		鼠标滚轮 /Shift+鼠标右键	拖动鼠标放大缩小显示图形
格式操作	图层	Layer			通过层控制对话框对图层进行操作
	线型	Ltype			为系统定制线型
	颜色	Color			为系统定制颜色
	线宽	Wide			设置线型的宽度
	点样式	Ddptype			设置点的大小和样式
	文本样式	Textpara			设定文字的参数数值
	尺寸样式	Dimpara			设置尺寸标注的样式
幅面操作	图幅设置	Setup			调用或自定义图幅
	调入图框	Frmload			调用图框模板文件
	调入标题栏	Headload			调入标题栏模板文件
	生成序号	Ptno			生成零件序号并填写其属性
	删除序号	Ptnodel			删除零件序号并删除其属性
	编辑序号	Ptnoedit			修改零件序号的位置
	交换序号	Ptnochange			交换序号的位置，并根据需要交换明细表内容
	明细表表格折行	Tblbrk			将存在明细表的表格根据需要向左或向右移动
	填写明细表	Tbledit			填写明细表的表项内容
	明细表插入空行	Tblnew			把一空白行插入到明细表中
	输出明细表	Tableexport			将明细表的单独数据信息输出到单独文件中
绘图操作	直线	Line（L）			画直线
	平行线	Parallel（LL）			绘制同已知线段平行的线段
	圆	Circle（C）			画圆
	圆弧	Arc（A）			画圆弧
	样条	Spline（SPL）			画样条曲线
	点	Point（PO）			画一个孤立的点
	椭圆	Ellipse（EL）			画椭圆
	矩形	Rect			画矩形
	正多边形	Polygon			画正多边形

下拉菜单		键盘命令（简化）	图标	快捷键	功能
绘图操作	多段线	Pline			画由直线与圆弧构成的首尾相连的封闭或不封闭的曲线
	中心线	Centerl			画圆、圆弧的十字中心线，或两平行直线的中心线
	等距线	Offset（O）			画直线、圆或圆弧的等距离线
	剖面线	Hatch（H）			画剖面线
	填充	Solid			对封闭区域的填充
	文字	Text			标注文字
	局部放大图	Enlarge			将实体的局部进行放大
	波浪线	Wavel			画波浪线，即断裂线
	双折线	Condup			用于表达直线的延伸
	箭头	Arrow			单独绘制箭头，或为直线、曲线添加箭头
	圆弧拟合样条	Nhs			将样条线分解为多段圆弧，且可以指定拟合精度
	孔/轴	Hole			画孔或轴，并同时画出它们的中心线
	块创建	Block			将一个图形组成块
	提取图符	Sym			从图库中提取图符
标注操作	尺寸标注	Dim（D）			按不同形式标注尺寸
	倒角标注	Dimch			标注倒角尺寸
	引出说明	Ldtext			用于引出标注注释，由文字和数字组成
	粗糙度	Rough			标注表面粗糙度
	基准代号	Datum			画出形位公差中的基准代号
	形位公差	Fcs			标注形位公差代号
	焊接符号	Weld			用于各种焊接符号的标注
	剖切符号	Hatchpos			标出剖面的剖切位置
	技术要求	Speclib			快速生成工程技术要求的文字
修改操作	删除	Erase		Delete	将拾取的实体删除
	平移	Move（MO）			将实体平移或拷贝
	平移复制	Copy			对拾取到的实体进行复制粘贴
	旋转	Rotate（RO）			将实体旋转或拷贝
	镜像	Mirror（MI）			将实体作对称镜像和拷贝
	缩放	Scale（SC）			将实体按给定比例缩放
	阵列	Array（AR）			将实体按圆形或矩形阵列
	过渡	Corner（CO）			在直线或圆弧间作圆角、倒角过渡

续表

下 拉 菜 单		键盘命令（简化）	图标	快 捷 键	功 能
修改操作	裁剪	Trim（TR）	⊣/⊢		将多余的线段进行裁剪
	齐边	Edge（ED）	⊣⁄		将一系列线段按某边界齐边或延伸
	打断	Break（BR）	⎌		将直线或曲线打断
	拉伸	Stretch（S）	⬚		将直线或曲线拉伸
	分解	Explode（EX）	⬚		将块打散成图形元素
	标注编辑	Dimedit	⬚		拾取要编辑的对象进入到编辑状态
	特性匹配	Match	⬚		将一个对象的特征全部复制到另一个对象上
查询	两点距离	Dist	⬚		查询两点间的距离及偏移量

附录 B CAD 技能一级（计算机绘图师）考试试题（工业产品类）

试卷说明

1. 本试卷共 4 题，闭卷。

2. 考生在指定的硬盘驱动器下建立一个以"考号和姓名"为名称的文件夹（例如：10168 刘少平），用于存放两个图形文件。

3. 试题 1、试题 2、试题 3 存放于一个图形文件，名字为"123"，图面的布局如下图（附录 B-图 1）所示。

4. 存放试题 4 的图形文件名字为"4"。

5. 按照国家标准的有关规定设置合适的文字样式、线型、线宽和线型比例。

6. 建议不同的图层选用不同的颜色。

7. 交卷之前应该再次检查所建立的文件夹和图形文件的名称及位置，若未按上述要求，请改正，以免收卷时漏掉这些文件。

8. 考试时间为 180 分钟。

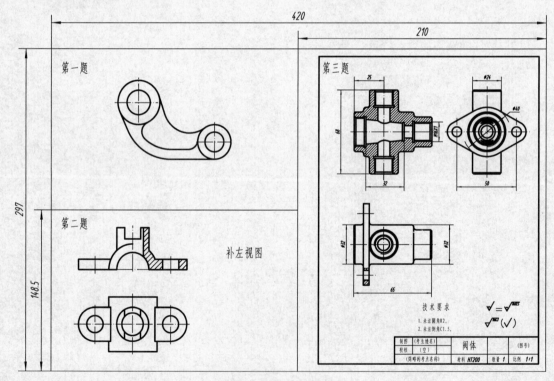

附录 B-图 1　图面布局

试题一　按 1∶1 比例，抄画下面图形（附录 B-图 2）（不注尺寸，10 分）。

试题二　按 1∶1 比例，抄画形体的主视图和俯视图（附录 B-图 3），补画半剖的左视图（不画虚线，不注尺寸，30 分）。

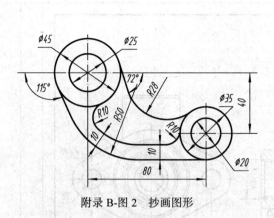

附录 B-图 2　抄画图形

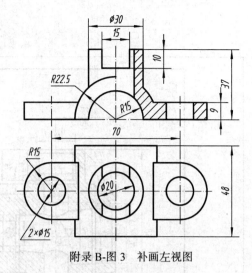

附录 B-图 3　补画左视图

试题三　绘制零件图（30 分）

具体要求如下：

1. 按 1∶1 比例抄画阀体零件图，标注尺寸和技术要求。

2. 参照（附录 B-图 5（一））图示尺寸，绘制 A4 图幅的图框和标题栏，不标注图框和标题栏尺寸，需要填写校核者和图号以外的内容。

3. 不同颜色、线型或宽度的图线放在不同的图层上，尺寸标注必须放在单独的图层上。

试题四　根据换向阀的零件图和装配示意图拼画其装配图。（30 分）

1. 换向阀工作原理及装配示意图

换向阀是控制流体流向和流量的形状装置。（附录 B-图 4）为该部件的装配示意图。右孔为流体的入口，图示为流体从下孔以最大的流量流出的状态。通过扳手带动阀杆旋转 180°，流体就会从上孔以最大的流量流出。锁紧螺母的作用是压紧填料，防止流体从左端泄漏。

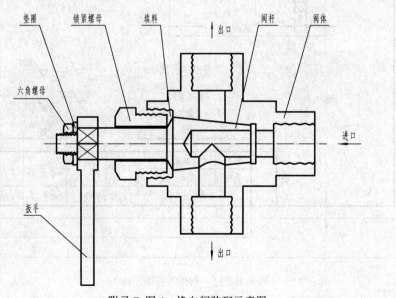

附录 B-图 4　换向阀装配示意图

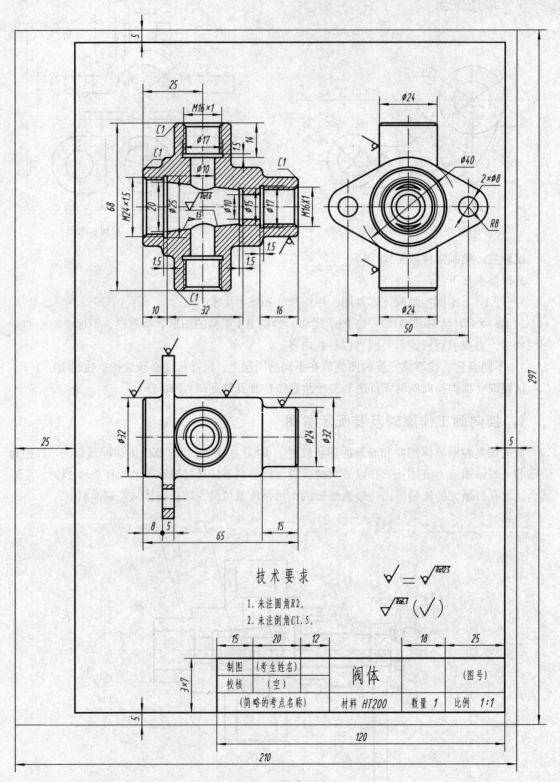

附录 B-图 5　阀体零件图（一）

2. 具体要求

① 选用 A3 图幅。按照附录 B-图 6 所示的尺寸绘制图框、标题栏和明细栏，不标注它们的尺寸。

② 按照 1 : 1 的比例，完整清晰地表达该部件的工作原理和装配关系，标注必要的尺寸。

③ 编注零件序号、绘制图框、标题栏和明细栏，并填写其中的内容。

3. 说明

阀体的零件图见第三题（附录 B-图 5）；无填料的零件图；其余零件的零件图如下（附录 B-图 7 ~ 附录 B-图 9）。

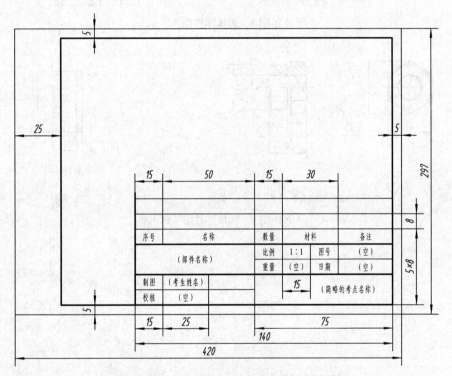

附录 B-图 6　装配图的图框、标题栏和明细栏

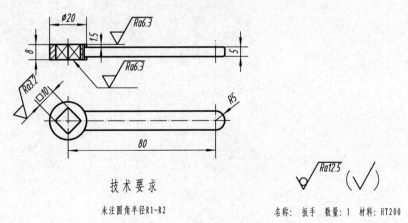

技术要求

未注圆角半径R1-R2

名称：扳手　数量：1　材料：HT200

附录 B-图 7　阀体零件图（二）

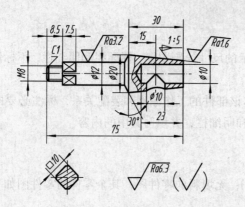

名称：阀杆 数量：1 材料：45　　　　　　　名称：六角螺母 数量：1 材料：35

附录 B-图 8　阀体零件图（三）

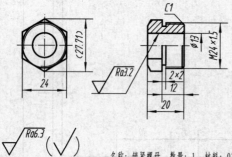

名称：锁紧螺母 数量：1 材料：Q235　　　　　　名称：垫圈 数量：1 材料：35

附录 B-图 9　阀体零件图（四）

附录 C CAD 技能一级（计算机绘图师）考试试题（土木与建筑类）

试卷说明

1. 考试方式：计算机操作，闭卷。

2. 考试时间为 180 分钟，试卷总分为 100 分。

3. 打开绘图软件后，考生在指定位置建立一个新文件，并以考生考号加考生姓名给文件命名（例如：09161 王莘红.dwg）。考生所作试题全部存在该文件中。

试题部分

试题一 绘制图框（15 分）。

① 按以下规定设置图层及线型：

图层名称	颜色	（颜色号）	线型	线宽
粗实线	白	（7）	Continuous	0.6
中实线	蓝	（5）	Continuous	0.3
细实线	绿	（3）	Continuous	0.15
虚线	黄	（2）	Dashed	0.3
点画线	红	（1）	Center	0.15

② 按 1：1 的比例绘制两个 A3 图幅（420×297），将左侧的 A3 图幅再分为两个 A4 图幅，如（附录 C-图 1）所示。将试题二、试题三、试题四分别绘制在指定的位置。

要求：应按国家标准绘制图幅、图框、标题栏，设置文字样式，在标题栏内填写文字。标题栏格式及尺寸见所给式样（附录 C-图 1）。

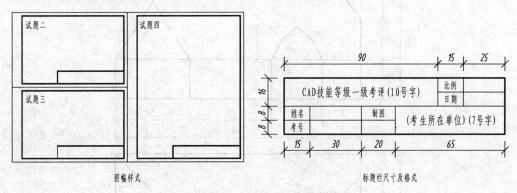

附录 C-图 1 图面布局及标题栏格式

试题二 按 1：1 的比例绘制花格图形并标注尺寸（25 分）。

试题三 按 1：10 的比例绘制组合体已知的两面投影图，并求画侧面投影图（全图不标注尺寸，20 分）。

试题四 绘制房屋剖面图（40 分）

绘图比例 1：100，线型、字体、尺寸应符合我国现行建筑制图国家标准，不同的图线应放在不同的图层上，尺寸放在单独的图层上。

说明　楼板及楼梯板厚度均为 100mm；C、D 轴之间的窗尺寸为 1800×2100，左右居中布置；个别末标注尺寸自定。

附录 C-图 2　花格图例

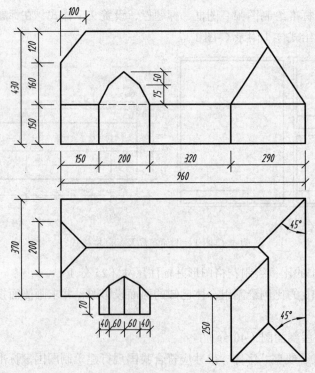

附录 C-图 3　组合体视图

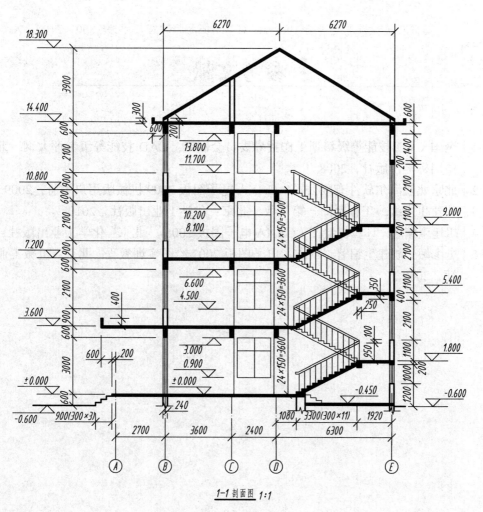

1—1 剖面图 1:1

附录 C-图 4　房屋剖面图

参考文献

［1］全国 CAD 技能等级培训工作指导委员会制定. CAD 技能等级考评大纲. 北京：
中国标准出版社，2008

［2］北京北航海尔软件有限公司. CAXA 电子图板 2009 机械版用户手册，2009

［3］胡建生主编. 工程制图. 第 4 版. 北京：化学工业出版社，2010

［4］胡建生编著. 计算机绘图（CAXA 电子图板 2005）. 北京：化学工业出版社，2005

［5］史彦敏，胡建生编著. CAXA 电子图板 2007 绘图实训教程. 北京：机械工业出版
社，2009